规模化养兔

疫病防控

200问

GUIMOHUA YANGTU
YIBING FANGKONG
200 WEN

刘 宁 余志菊 ◎ 主编

中国农业出版社
农村读物出版社
北京

主　　编：刘　宁　余志菊

副 主 编：徐昌文　杜　丹　刘汉中　汪　平

参编人员（按姓氏笔画排序）：

王丽焕　文　斌　关云秀　何经纬

张　凯　陈雪峰　周怡西　赵　科

郭小林　傅祥超　蒲珉锴　简文素

前言

　　近年来，随着养兔业的不断发展，我国规模化养殖的比例越来越大，对做好兔的疫病防控尤为重要。针对目前绝大多数从事养兔的人员对兔病的诊断、防治知识都很缺乏等问题，本书在内容上突出实用性，紧紧围绕规模化养兔疫病防控基础知识、环境与疾病防控、诊断技术、防控实用技术、疫病防治等方面的知识，以问答形式，形象直观地展现图书内容，使读者易懂易学。

　　全书内容丰富，重视知识创新，理论联系实际，充分参考了多年来国内外兔研究领域的相关报道和研究成果，吸收了国家公益性行业专项"家兔高效饲养技术研究与示范"、国家兔产业技术体系、四川省家兔科技创新产业链和家兔育种攻关等项目最新研究成果，同时采纳了国内部分养殖场生产管理的实践经验，充分考虑了兔从业人员的技术需求，既有利于指导初入兔行业者对兔病的诊断及防治，也有利于提升已从事兔养殖者对疫病防控的实际操作及管理水平，提高投资者或养殖场主抵御兔市场风险的能力，增加农民收入，促进我国兔产业可持续发展。本书直接面向农村、农业基层，能够给养兔专业户、兔场技术人员、基层畜牧兽医技术人员和农村养兔爱好者提供轻松掌握养兔疫病防控技能的帮助。

　　参加本书编写的人员是一批长期从事疫病防控、饲养管理、兔育种、兔舍设计等方面的高中级科技人员，不仅有深厚的专业基础，还有丰富的实践经验。在编写过程中，力求做到通俗易懂、操作性强、内容广泛，同时参阅了大量国内外已公开发行的科技读物和文献资料。由于时间仓促，书中难免有疏漏之处，望广大读者提出宝贵意见。

编　者

2019 年 10 月于成都

目录

前言

一、兔病防控基础知识篇

二、规模化养兔环境与疫病防控篇

三、兔病诊断技术篇

五、兔传染病篇

六、兔普通病篇

（一）消化系统疾病

七、兔产科病篇

八、兔寄生虫病篇

九、兔常见其他疾病篇

一、兔病防控基础知识篇

（一）兔生理特性及生活习性

1. 兔的外形特征有哪些？

兔的外形分为头、颈、躯干、四肢和尾 5 部分。兔各部位名称见图 1-1。

（1）头 略呈长形，以眼为界可区分为眼前方的面部和眼后方的颅部两部分。面部中段稍隆起，前端为卵圆形的鼻孔，鼻孔下方连接上唇，唇正中有一较深的裂隙，将上唇分为左右相等的两份。颅顶两侧有两只特大的耳翼，耳翼的外侧面长有短的被毛，内侧面有稀疏的绒毛。耳翼上面有清晰的血管分布，健康兔耳翼转动非常灵活，遇有声音或陌生情况能迅速竖直以示警觉。

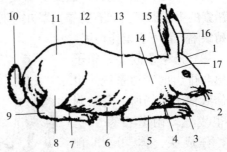

图 1-1 兔各部位名称

1. 头 2. 肉髯 3. 爪 4. 胸 5. 前脚 6. 腹
7. 后脚 8. 股 9. 飞节 10. 尾 11. 臀 12. 背
13. 体侧 14. 肩 15. 后颈 16. 耳 17. 颈

（2）颈 颈处于头和躯干之间，与头和躯干无明显界限。兔的颈短而粗，肌肉发达。有些品种的兔颈与喉交接处的皮肤隆起形成皱褶，称肉髯，母兔尤为明显。

（3）躯干 分为胸、腹、背 3 部分。胸在颈的后方、两肩关节之间。胸宽而深，说明心肺发育良好；相反，窄而浅是体质纤弱的表现。腹围应大，不松弛，有弹性。兔的腹部均大于胸廓，与兔喜静少动习性有关。背在胸腹部的上方，体格健壮的兔背部宽广，腰荐部略向上弯曲，其末端有一短小的尾。肛门在尾根的下方，母兔的肛门下方有阴唇，公兔的肛门下方有阴茎，阴茎的游离端被覆于包皮内。头端有尿生殖孔开口。阴茎两侧为阴囊，交配期阴囊内可触摸到睾丸。母兔胸腹中线两侧排列有 4～5 对乳头，公兔乳头不发育。

（4）四肢　兔的前肢以肩带与胸部躯干相连，由上臂、前臂和前足组成。后肢以盆带与躯干相连，肢体分大腿、小腿、后足 3 部分。兔的行走以前后足均匀着地、呈跳跃式，故后肢各肢节较长，肌肉发达，前肢较小。兔的前脚保持 5 趾，后脚拇趾退化，只保留 4 趾。

（5）尾　兔的尾巴很短，有色兔的尾面和尾底颜色不同，尾底为白色。奔跑时尾上翘，尾面与臀部相贴近。

2. 公兔的生殖器官由哪些组成？

（1）睾丸　公兔有左、右两个睾丸，呈卵圆形，是产生精子和分泌雄激素的主要器官。如有隐睾、睾丸不对称、小睾、单睾或睾丸硬化等繁殖缺陷，都不宜留作种用。

（2）附睾　附睾是精子成熟和排出的管道系统，也是储藏精子的场所。兔的附睾很发达，附着在睾丸一侧，分成头、体、尾 3 部分。精子在睾丸内产出后，在通过附睾的过程中逐渐成熟，变成能活动的精子。附睾头位于睾丸前端，附睾尾的末端连接输精管。

（3）输精管　输精管是附睾尾末端延伸的部分。输精管的肌肉层较厚，交配时收缩力较强，能将精子从附睾尾压送到尿生殖道内。

（4）副性腺　包括精囊与精囊腺、前列腺、旁前列腺和尿道球腺。射精时，副性腺的分泌物混合在一起称为精清。精清与附睾尾排出

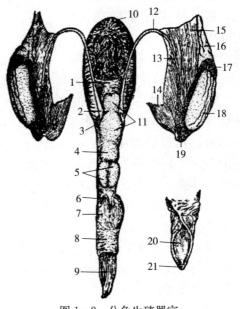

图 1 - 2　公兔生殖器官

1. 泄殖褶　2. 输精管膨大　3. 旁前列腺　4. 精囊腺
5. 前列腺　6. 尿道球腺　7. 球海绵体肌　8. 包皮
9. 阴茎　10. 膀胱　11. 精囊　12. 输精管（管盆部）
13. 输精管（精索部）　14. 睾丸提肌　15. 输精管褶
16. 蔓状静脉丛　17. 附睾头　18. 睾丸
19. 附睾尾　20. 尿道　21. 外尿道口

的精子组合成精液。

(5) 阴茎　阴茎是公兔交配和排精、排尿器官。主要由海绵体构成，为圆柱状。前端游离部稍有弯曲，无明显的膨大龟头。静止状态时，阴茎缩在包皮内；交配时，阴茎勃起伸出包皮外，长度为4～5cm。

(6) 阴囊　公兔有一对阴囊，位于腹部后方。主要功能为保护睾丸和附睾，并能调节睾丸的温度，以保证睾丸能正常产生精子。

公兔生殖器官见图1-2。

3. 母兔的生殖器官由哪些组成?

(1) 卵巢　卵巢是产生卵子和雌性激素的地方。左、右各一个，为卵圆形，淡红色，位于肾脏后侧的体壁上。卵巢分泌的雌性激素有雌激素和孕酮。雌激素有刺激母兔引起发情的作用。孕酮是维持怀孕所必需的激素。

(2) 输卵管　输卵管是精子获能和受精的部位，也是早期胚胎发育的场所。输卵管前端呈喇叭状，称为"伞"，几乎覆盖卵巢，承接卵巢中排出的卵子，另一端连接子宫。

(3) 子宫　子宫是胚胎生长发育的场所，也是为胚胎提供营养的器官。母兔有两个互不相连的子宫，各有一个子宫颈，独立开口于同一个阴道内。

(4) 外生殖器　俗称外阴部。包括阴门、阴唇、阴蒂3部分，阴道末端的开口处叫阴门，阴门两侧突起形成阴唇。在左、右阴唇前联合处有一

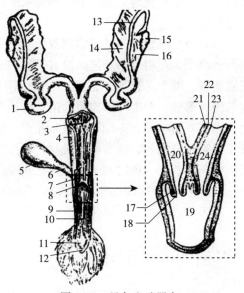

图1-3　母兔生殖器官

1. 子宫　2. 子宫颈　3. 子宫颈间膜　4. 阴道　5. 膀胱　6. 尿道　7. 尿道瓣　8. 尿道开口　9. 静脉丛　10. 阴道前庭　11. 阴蒂　12. 阴门　13. 输卵管　14. 卵巢韧带　15. 卵巢　16. 卵巢囊　17. 子宫颈　18. 子宫口　19. 阴道　20. 子宫（左）　21. 子宫外膜　22. 子宫肌层　23. 子宫内膜　24. 子宫（右）

个小突起叫阴蒂。阴唇黏膜的色泽与发情状况有关，常用来判别母兔的发情状态。

母兔外生殖器官见图 1-3。

4. 兔的繁殖特性有哪些？

（1）兔的繁殖力强　兔是多胎多产动物，繁殖力强表现在母兔窝产仔数多，一般为 6~8 只，多的达 15 只，一年可产仔兔 40~50 只；孕期短，一般为 29~31 天；年产胎次多，一般 6~8 胎，最高达 10 胎；性成熟早，一般公兔 4~4.5 月龄，母兔 3.5~4 月龄，6 月龄左右即可配种；世代间隔短，一年内可繁殖两代；发情周期短，每隔 7~14 天为一个发情周期，每次发情期持续 1~3 天。

（2）刺激性排卵　兔与猪、牛、羊等家畜不同，在达到性成熟以后，虽每隔一定时间出现发情征状，但并不伴随排卵。只有在与公兔交配以后，或相互爬跨，或注射外源激素时，才发生排卵，这种现象称为刺激性排卵。

（3）两个子宫　兔的子宫属双子宫类型，即有子宫体、子宫角和子宫颈各两个，左右互不相连。没有子宫和子宫角之分，属于最原始的双子宫类型。两个子宫颈各自独立开口于阴道前端。从每个子宫颈开始，向前伸并形成一个半圆形肉质管道，悬挂在子宫阔韧带上。这使母兔有时会出现双重孕现象，即第一批胎儿产出后，间隔数小时，甚至几天后又产出第二批胎儿。这是两次受孕，胎儿各在一侧子宫发育的结果。

（4）卵子大　兔的卵子是目前已知哺乳动物中最大的卵子，直径为 $160\mu m$。它也是发育最快、在卵裂阶段最容易在体外培养的哺乳动物卵子，为医学、生物学、遗传学等科学研究提供了理想材料。

5. 兔的换毛特性是什么？

由于季节、年龄、营养和疾病等原因，兔毛会发生脱落，并在原处长出新毛，这个过程称为换毛。兔的正常换毛现象是对外界环境的一种适应表现，换毛时间可分为年龄性换毛和季节性换毛。

（1）年龄性换毛　主要发生在未成年的幼兔和青年兔。第一次年龄性换毛始于仔兔出生后 30 日龄左右，直至 130~150 日龄结束，尤以 30~90 日龄最为明显。据观察，120 日龄以内的兔被毛多呈空疏、细软、不够平整；随日龄增长而逐渐浓密、平整。

第二次年龄性换毛多在 180 日龄左右开始，210～240 日龄结束。换毛持续时间较长，有的可达 4～5 个月，且受季节性影响较大。如第一次年龄性换毛结束时正值春、秋换毛季节，往往就会立即开始第二次年龄性换毛。

（2）季节性换毛　主要是指成年兔的春季换毛和秋季换毛。春季换毛，北方地区多发生在 3 月初至 4 月底，南方地区则为 3 月中旬至 4 月底；秋季换毛，北方地区多在 9 月初至 11 月底，南方地区则为 9 月中旬至 11 月底。

换毛的早晚和持续时间的长短受到多种因素的影响。如不同地区的气候差异、兔年龄、性别和健康状况以及营养水平等，都会影响兔的季节性换毛。季节性换毛的持续时间长短与季节变化情况有关，一般春季换毛持续时间较短，秋季持续时间较长。兔季节性换毛早晚受日照长短的影响较大。当春天到来时，日照渐长，天气渐暖，兔便脱去"冬装"换上"夏装"，完成换毛；而秋季日照渐短，天气渐凉，兔便脱去"夏装"换上"冬装"，完成秋季换毛。兔换毛有一个过程，即兔毛纤维的生长有一定的生长期，也就是说，兔毛不是无限期生长的。兔毛生长期只有 6 周，6 周后毛纤维即达到标准的长度，此后不再生长。兔的换毛是复杂的新陈代谢过程，在换毛期间需要更丰富的营养物质。兔换毛期间对外界气温条件变化适应能力差，易患感冒，此时应加强饲养管理，给予丰富的蛋白质饲料和优质饲草。在兔的季节性换毛期间，特别是在秋季的换毛期间，对种兔的繁殖性能影响很大，应引起足够的重视。

6. 兔的胃肠道有什么特点？

兔胃容积较大，呈袋状，占消化道总容积的 36%～38%。肠道的总长度为 4～5m，约为体长的 10 倍。小肠长度为 2.5～2.8m，大肠长度为 1.6～1.9m。不同类型的饲料在兔胃肠道中的消化、运转时间不同，块根饲料为 2～3h，青绿饲料 3～4h，籽实饲料 5～8h，粗饲料 8～12h。不同的饲料调制方式在饲料消化时间上也不同，一般是液体快于固体，粉料快于粒料。

在单胃草食动物中，兔盲肠容积最大，占消化道总容积的 39%～42%，盲肠长度为 0.5～0.6m。其盲肠极为发达，酷似"发酵室"，富含微生物，起着反刍动物第一胃的作用，是消化纤维素的主要场所，类似于牛的瘤胃。兔的盲肠内有微生物群，对粗纤维有较强的消化能力，因而盲肠常呈酸性环境。回肠（小肠末端）与盲肠相接处膨大形成一厚壁的圆囊，肌肉发达，与盲肠相通，称圆小囊，这是兔所特有的。圆小囊内壁呈六角形蜂窝状，通过机械压榨、分泌碱性液体，中和盲肠中微生物分解纤维素所产生的各种有机酸，从而促进纤维素的消化吸收。

　　纤维性饲料能够快速通过兔的消化道，兔借助食物快速通过消化系统，很快排泄难以消化的纤维素，而饲料中的非纤维部分特别是蛋白质，则被迅速消化吸收。虽然兔对粗纤维的利用率低，但能利用草粉中非纤维部分的 75%～80%。兔对低质量、高纤维粗饲料特别是其中蛋白质的利用能力，要高于反刍动物。因此，兔具有把低质饲料转化为优质肉品的巨大潜力。

7. 兔的盲肠有什么特点？

　　（1）产生"软粪"　兔一般排出的是硬粪，占粪便总量的 80%。当到达回肠和结肠前段食糜的细小颗粒和微生物，由肠逆蠕动转移到盲肠，在盲肠内经微生物发酵，形成营养丰富的"盲肠营养物"，在小结肠括约肌处被覆一层膜，形成串球状物，呈桑葚状，质地柔软，称为"软粪"。软粪转移到肛门时，被兔直接用嘴从肛门处吞食。

　　（2）兔对粗纤维的消化在盲肠中进行，其消化能力比反刍动物低得多　然而，兔饲料中不能缺少粗纤维，饲料中的纤维性物质起到维持兔的消化道正常生理活动和防止肠炎的作用。当粗纤维低于 6%～8%，胃内容物通过消化道的速度减慢，引起消化紊乱、采食量下降、腹泻；当粗纤维含量过高，日粮中所有营养成分的消化率都下降。因此，日粮中粗纤维的适宜添加比为 10%～14%。

　　（3）盲肠对淀粉、糖的消化能力较强，盲肠内淀粉酶活性较高　如果饲喂富含淀粉的日粮，小肠难以完全消化，未经消化的淀粉到达盲肠、结肠，在此分解发酵，产生大量挥发性脂肪酸，被细菌利用，加快增殖，产生毒素，引起急性肠原性毒血症，最终引起病兔腹泻、脱水、中毒而死。因此，饲喂高淀粉日粮，易发生拉稀现象。

　　（4）兔盲肠蛋白酶的活性远高于反刍动物的瘤胃　兔盲肠和其中的微生物都产生蛋白酶，兔盲肠蛋白酶的活性远远高于反刍动物的瘤胃。因此，兔能充分利用饲草中的蛋白质。

8. 兔的常规生理指标是多少?

兔的常规生理指标包括体温、呼吸、心率、血量、血压等,见表1-1。

表1-1　兔常规生理指标

项　目	平均值	范　围
体温（℃）	39	38.5～39.5
呼吸（次/min）	50	46～60（成年兔20～40；幼兔40～60）
心率（次/min）	115	80～160（成年兔80～100；幼兔100～160）
血量（mL/100g）	5.4	4.5～8.1
血压　收缩压（mmHg）	110	95～130
舒张压（mmHg）	80	60～90

9. 兔常见的生活习性有哪些?

(1) 昼伏夜行　这种习性的形成与野生穴兔在野外生存环境有关。兔的祖先是野生穴兔,体小力弱,世世代代在野外打洞穴居。为了躲避狼、鹰等禽兽袭击,穴兔白天在洞中休息,夜间再出洞觅食。经过长期的自然选择,就形成了白天睡觉、夜间活跃的特点,即兔昼伏夜行的习性。因此,兔白天十分安静,除喂食和饮水时间外,常常俯卧笼中,眼睛半睁半闭地睡眠或休息。当太阳落山后,兔开始兴奋,活动增加,采食和饮水欲望增强。夜间采食饮水频繁,占全天采食及饮水量的70%左右。根据兔的这一习性,应让兔舍白天保持安静,夜间添足草料,保证饮水,同时长途运输兔时,可选择天黑出发。

(2) 胆小怕惊　兔是一种胆小怕惊的小动物,它的听觉非常灵敏,常常竖起两耳来听周围环境的声响。兔有发达的听觉器官,耳郭长大,其长度甚至超过头长,耳郭内部的外耳听道直通鼓膜,耳郭宽而薄,血管明显,耳朵可以根据声音来源的方向进行转动,收集各方声响,所以听觉灵敏。其听觉的频率范围是64～64 000Hz,其中1 000～16 000Hz是最为敏感的范围,在这个范围内兔能分辨出3dB左右的声音。野兔能够保存下来,并驯化成家兔,正是因为依靠敏锐的听力和迅速逃逸的能力,以迅速逃避天敌的攻击。

如遇突如其来的响声(如鞭炮声,火车、汽车、摩托车、拖拉机的喇叭声，雨天打雷声和陌生人的喧闹声），或猫、犬、老鼠、黄鼠狼等有害动物的侵袭，都会引起兔惊吓，常常发生惊场现象。一旦兔群受到惊吓，兔在笼中表现精神高度紧张，昂首四顾，坐卧不安，到处奔跑乱撞，同时尖叫跺脚。受惊吓的怀孕母兔容易流产；正在分娩的母兔受惊吓会咬死或吃掉初生仔兔；哺乳母兔受惊吓拒绝仔兔吃奶；正在采食的兔受惊吓会停止采食；当有突然的响动，还可能被吓死。所以，在建造兔舍时，一定要考虑其周围环境的安静和安全程度，尽可能保持兔舍及其附近安静。在饲养管理操作过程中，动作要轻稳，避免发生使兔群惊恐的声响。同时，还要避免陌生人和猫、犬等动物进入兔舍。在雨天打雷和燃放鞭炮期间，饲养员在兔舍来回走动（夜间开灯），给兔壮胆，以减少应激反应，避免造成重大损失。

（3）喜欢穴居、同性好斗　兔保留了其祖先长期打洞穴居的独立生活习惯，不适宜集群放养，主要是为了繁殖后代和逃避敌害。群养时，成年兔之间经常发生争斗、撕咬的现象。特别是公兔群养或者新组建的兔群，咬斗现象更为严重。在规模化饲养条件下，应限制兔的这种习性，给繁殖兔准备一个产仔箱，使其在箱内产仔。管理上应特别注意，性成熟前的幼兔可以混养，商品兔要合理分群，成年兔要单笼饲养。在选择建筑材料和兔舍建设时，应充分考虑兔的这一习性，从而避免给养殖管理带来困难。

（4）喜欢啃硬物　兔的口腔两侧具有前后两列门齿齿槽，前一列镶嵌着大门齿，后一列镶嵌着小门齿，形成了特殊的双门齿型。大门齿长 $3\sim3.5cm$，表面有明显的一纵沟；小门齿长 $1\sim1.3cm$，呈扁圆柱状，表面无纵沟。大门齿终身生长，必须通过啃咬硬物将它磨平，使上下颌的齿面吻合。可以饲喂颗粒饲料、定期投放干草，也可以在兔笼中放块木头，供其啃咬磨牙。如果不磨牙，牙齿会不断向牙根或向外生长，饲养员只有用虎头钳进行断齿；否则，大门齿会长得过快，有时长出口裂外影响采食。因此，兔笼不宜用木头、竹片或塑料网制作，容易被咬坏。

（5）喜清洁、好干燥　兔喜欢干净，厌恶污浊。这是因为干净的环境有利于兔的健康，污浊的条件使兔感到不舒服，容易发生疾病。兔爱干净、讲卫生表现在采食后用前爪擦嘴；成年兔排粪、排尿都有固定的地方；常用舌头舔拭前肢等部位被毛，以清除污垢。兔喜欢干燥、清洁的环境，厌恶潮湿、污秽的环境，这种习性是兔适应环境的本能。因为兔对许多病毒和致病菌非常敏感，潮湿污秽的环境有利于球虫、疥癣等各种病原微生物的传播，导致兔群发病。舍内一旦潮湿，兔群发病率增高，死亡率增大。因此，应保持兔舍的干燥、清洁和卫生。

（6）耐寒怕热　成年兔被毛浓密，体表热量不易散发，有较强的抗寒能力；汗腺不发达，仅在很小的鼻镜、鼠蹊部以及不长毛的部位和眼睑、腹股沟、嘴周围等有少许汗腺。成年兔散热的主要方式是靠增加呼吸频率和加快血液循环。仔幼兔特别怕冷，尤以新生仔兔更甚。仔兔出生后到10日龄才初具体温调节能力，至30日龄时被毛形成，体温调节机能逐渐加强。因此，仔幼兔阶段对环境温度要求较高。在较低温度下，难以维持正常体温。在体温下降到20℃以下时，仔兔可能发生死亡。烈日暴晒或环境闷热易引起中暑，因此兔舍要注意夏季防暑。冬季仔兔保暖，长途运输要注意空气流通、避免日晒雨淋，防止兔中暑和感冒。

10. 兔的采食习性有哪些？

（1）草食性　兔是草食性家畜，具有素食性。兔对食物有选择性，它最喜欢青草、树叶、块根、块茎、嫩枝、果菜等饲料，喜吃颗粒料；不喜吃粉料，不喜吃动物性饲料，不吃含沙以及辣、麻、土腥味的草。

兔的头部有4对腺体，即眶下腺（兔特有）、舌下腺、腮腺（耳下腺）和颌下腺，均与消化能力有关，分泌唾液湿润和初步消化食物。兔属于单胃草食动物，门齿和臼齿发达。上唇有一纵裂，呈三瓣形，便于门齿外露，便于采食矮草、啃咬树叶和切断饲料；臼齿咀嚼面宽并且有横嵴，便于磨碎草料。舌头将食物与唾液搅拌混合滋润有利于吞咽。颊部内侧有浅而硬的刮沙毛，能有效清除草上的沙。如果草上有水，则刮沙困难，会导致口腔黏膜的损伤。大量泥沙进入消化道会在盲肠、结肠沉积，引起发炎、腹绞痛，造成大量死亡。因此，不能饲喂露水、雨水、雪水和霜水打湿的草。

饲喂要以青饲料为主、精饲料为辅。兔喜欢多汁饲料，对植物中粗纤维的消化力很强。但水分含量高，营养浓度低，饲料品种单一，过多食用会致兔消瘦或发生肠道疾病。合理搭配，饲料多样化，才能使饲料之间的必需氨基酸互相补充。例如，禾本科籽实类饲料一般含赖氨酸和色氨酸较少，而豆科籽实含这两种氨基酸较多，但含蛋氨酸不足。在喂兔时，两者适量搭配才能获得较全面的营养。

（2）食软粪　兔采食自己的软粪行为，是正常的生理现象。其晚间排出的串球团状软粪与白天排出的硬粒状粪便不同，软粪占排粪总量的50%～80%，水分约占75%。软粪排出至肛门处直接被兔食入，再经消化道第二次消化，有助于充分吸收饲料中的营养物质，这一行为又叫"反刍"。

11. 兔食软粪有什么好处？

（1）维持消化道正常菌群结构 软粪中除了半消化的饲料，还有大量的细菌蛋白、维生素和微量元素，每克软粪中有 95.6 亿个富含蛋白的微生物。兔食软粪从 21 日龄开始，42 日龄前吞食量少，以后每天吞食 50g 左右。吞食软粪，可获取所需部分 B 族维生素和蛋白质，且能保持正常消化道功能。

（2）促进小肠的消化吸收 兔消化腺分泌的淀粉酶较少，从软粪中获得大量的淀粉酶、菌解因子和溶酶体，促进小肠对碳水化合物和蛋白质的消化吸收。

（3）提高饲料消化利用率 饲料经过两次消化，提高了营养物质的消化利用率。吞食软粪，饲料营养物质的总消化吸收率提高 5%，粗纤维消化率高达 65%～78%，比猪盲肠（3%～25%）、马盲肠（13%～40%）高得多。

12. 为什么兔的嗅觉灵敏、味觉发达、视觉迟钝？

兔的鼻咽部呈长管状，气流通过鼻腔、后鼻孔、鼻咽而达口咽时，有一呈 150°～160° 钝角的轻微的弧线形曲折，气流通过通畅。兔的鼻咽黏膜中具有淋巴滤泡，鼻咽黏膜上皮之下的基底膜有较厚的弹力纤维组织。兔的鼻腔中分布着大约 1 亿个嗅觉细胞，它敏锐的嗅觉主要用来分辨不同个体的同类或其他生物。

兔能品尝出酸、甜、苦、咸，其数千个味觉细胞主要分布在口腔和咽喉。被称为小味蕾的味觉感受器，都集中在兔的舌部。舌尖部味蕾较多，舌根部较少。总数比其他家畜多，兔的味蕾发达，所以味觉就发达，喜吃甜食。另外，兔唇部附近的触须非常敏感，可以用来探知食物及障碍物的存在。

兔的视觉迟钝与其眼睛结构有关。兔的视觉范围较广阔，其眼球较大，几乎呈圆形，体积可达 5～6cm³，重约 3～4g；眼球外突，单只眼睛的水平视觉范围约为 192°，垂直范围约为 180°。但兔的视觉深度以及辨别近处物体的能力并不高，辨别颜色的能力也很糟糕。鼻子前面

30°左右的范围内能产生立体感，前视觉重叠角度少，无距离感，有两眼都不能看到的盲点。虹膜内有色素细胞，眼睛的颜色就是由该色素细胞所决定的。白兔眼睛的虹膜完全缺乏色素，眼内由于血管内血色的透露，故看起来是红色的。

13. 兔之间是通过什么方式传递信息的？

兔能用声音传递信息，但发声的能力差。在兔传递信息的方式中，主要通过气味互通信息。公母兔相互引诱、母仔识别的物质，来源于外激素腺体，集中在阴部及肛门部。外阴部附近有 3 对皮肤腺：

(1) 白色鼠蹊腺，小而圆，位于公兔阴茎和母兔阴蒂背侧皮下，开口于腹股沟。

(2) 褐色鼠蹊腺，大而圆，紧靠白色鼠蹊腺，开口于腹股沟。

(3) 直肠腺，大而略长，位于直肠末端两侧，开口于肛门两侧。

各腺体的分泌物分别是：白色鼠蹊腺是一种皮脂腺，分泌带有异臭味的黄色分泌物；褐色鼠蹊腺是一种汗腺，带有特异臭味；直肠腺是一种皮肤腺，分泌油脂，味恶臭。因此，兔以这些腺体分泌物发出的特异气味来传递信息。屠宰兔时，应剔除外阴部的 3 对皮肤腺。

(二) 兔病的发生与传播

14. 兔病的分类有哪些？

兔病的发生是兔的正常机体受到各种不良因素的破坏而引起的。为了解发病原因和采取针对性的防治措施，需将兔病进行分类。根据发病的原因，可分为传染病、寄生虫病和普通病 3 大类。

(1) 传染病 又称为疫病，对养兔业危害很大。其特点是流行快、蔓延广、死亡率高。根据致病因素的不同，又分成 3 类：病毒性传染病，由病毒引起发病，如兔病毒性出血症（兔瘟）、传染性水泡性口炎、黏液瘤病等；细菌性传染病，由细菌、支原体等病原微生物引起发病，如兔巴氏杆菌病、波氏杆菌病、大肠杆菌病、魏氏梭菌病、野兔热、链球菌病、螺旋体病、放线菌病等；真菌性传染病，由真菌引起发病，如兔皮肤真菌病（疥癣）、深部真菌病（曲霉菌性肺炎）等。

(2) 寄生虫病 由各种原虫、体内外寄生虫侵害体表或侵入体内而引起的疾病。兔寄生虫病的感染和发生比较普遍，有些能引起严重的疾病，最终导致死亡，如兔球虫病；有些不引起严重的疾病，但可使兔生产性能降低，如囊尾蚴病。常见的兔寄生虫病有 3 种：原虫病，如兔球虫病、弓形虫病等；蠕虫病，如囊尾蚴病、兔蛔虫病、棘球蚴病、肝片吸虫病等；外寄生虫病，如兔螨病、兔虱病、兔蚤病等。

（3）普通病　即非传染病，是由一般性致病因素作用于机体而引起的疾病。临床上，比较重要和常见的普通病有 5 类：营养性疾病，如维生素 A 缺乏症、B 族维生素缺乏症、维生素 D 缺乏症、维生素 E 缺乏症、钙磷缺乏症、胆碱缺乏症等；中毒病，如氟中毒、食盐中毒、有机磷化合物中毒、有机氯化合物中毒等；内科病，如口炎、积食、腹泻、中暑等；外科病，如外伤、冻伤、眼结膜炎等；产科病，如难产、乳房炎、流产、不孕症等。

15. 兔病的发生常见因素有哪些?

兔与其他动物一样，当体内受到各种不良因素的刺激时，往往会导致疾病的发生。兔病的常见发病因素有以下 4 个方面：

（1）饲养管理不当　兔的饲养管理是根据其自身的解剖生理学特征、生活习性、姿势行为及饲料的配制与营养的平衡来制定的。不依据科学的饲养管理和合理的饲料配方，完全进行粗放型的饲养，这将会给兔的正常生长发育或机体的健康造成较大的伤害，从而导致疾病的发生。

（2）环境条件差　环境因素有些对兔有利，有些则不利甚至还有害。当不利因素超过一定限度时，兔就会发病甚至死亡。兔所处的环境条件越恶劣，致病因素就越多，就更容易生病。

（3）防疫措施不力　防疫工作主要包括清洁卫生、场地消毒、疫苗注射、药物预防、疾病检查诊断、兔舍灭鼠以及病死兔处理等。如果防疫工作跟不上，就难以预防传染病和寄生虫病的发生或流行。

（4）应激因素所致　应激因素主要是指在一定条件下，能使动物产生一系列的全身性、非特异性反应。应激因素是非常多的，如饥饿、过度疲劳、捕捉、发生创伤、噪声惊吓、长途车辆运输、密集饲养、相互啃咬及突然更换饲料、更换场所等。这些因素刺激强度过大，作用时间过长，动物机体就有可能出现抵抗力下降或陷入疲劳状态，从而使生长发育、生产性能降低，有的还会使原有疾病加重或产生新的疾病，有时也会出现传染病的暴发。

16. 兔传染病有什么特征?

兔传染病有以下 5 个特征:

(1) 每种传染病都是由特定的病原微生物所引起的,如细菌、病毒、真菌等。

(2) 具有传染性和流行性。

(3) 患传染病的兔体一般都有特异性反应。

(4) 耐过兔通常都能获得一定时期的特异性保护力。

(5) 一般都具有特征性临床症状。

17. 兔传染病的传播过程是什么?

传染性疾病的传播需要 3 个基本条件,即传染源、传播途径和易感动物。

(1) 传染源 是指病原体在其中寄居、生长、繁殖并能将其不断排出体外的动物。病兔及隐性感染兔都是传染源。病原体从传染源排出后,可以停留在饲料、饮水、用具、地面、排泄物、产仔箱及被毛等处,并存活一段时间。病原体侵入健康兔则会导致传染病的传播。

(2) 传播途径 是指病原体从病兔体内排出后,侵入健康兔体内所经过的器官和路径。

(3) 易感动物 是指对某种病原体有易感性而容易发生传染病的动物。

传染源、传播途径和易感动物是传染病发生和传播的三大环节,缺少任何一个环节,则流行过程就会停止。因此,采取消灭传染源、切断传播途径、增强兔的抵抗力等防疫措施,就能预防和扑灭兔的传染病。

18. 兔病的传播途径有哪些?

(1) 消化道 俗话说"病从口入"。大多数传染病和寄生虫病是由于饲料、饮水和用具被病兔分泌物、粪尿或尸体等污染,通过健康兔的消化道引起感染,如巴氏杆菌病、魏氏梭菌病、兔球虫病等。

(2) 呼吸道 病兔通过呼吸、咳嗽、打喷嚏等将病毒和病原微生物散布于空气中，健康兔吸入后感染得病，如兔瘟、巴氏杆菌病、波氏杆菌病等。

（3）伤口　有的病原菌长期存在于自然界，能通过健康兔的皮肤或黏膜的伤口而感染得病，如疥癣、毛癣、葡萄球菌、坏死杆菌等；有的疫病通过带有病原微生物的吸血昆虫，如蚊、蝇、虱等的叮咬，使健康兔感染得病。

（4）交配　健康兔与病兔交配后，直接感染得病，如布鲁氏菌病、螺旋体病等。

（5）其他　被传染病和寄生虫病污染的用具，如兔笼、扫帚、粪铲、产仔箱、针头等都是主要的传染媒介。鼠类、野猫、人员来往等也能传播疫病。

19. 兔病的发生与季节、年龄有什么关系？

不同季节，兔的多发病、常发病和发病率的种类也不同，如 1～3 月气温较低，各种传染媒介（苍蝇、蚊虫等）及病原体的繁殖均受到一定限制，兔群传染病的暴发也就较少，但由于天气寒冷，兔容易引起感冒和肺炎；4～6 月气温逐渐升高，病原微生物逐渐活跃，此时为母兔的产仔季节，发病率相对增高；7～9 月酷暑高温，病原微生物活动猖獗，且饲料容易腐败变质，是一年中最容易发生传染病的季节；10～12 月发病率明显下降，是繁殖仔兔的好季节。

兔在不同年龄有不同的多发和常发疾病。刚断奶的幼兔，由于消化系统发育不完全，防御屏障机能尚不健全，易患胃肠道疾病，发病率较高，如仔兔腹泻、大肠杆菌病等；老龄兔，由于代谢机能与免疫功能的减退，体质下降，抗病力减弱，发病率也较高，如大肠杆菌病、魏氏梭菌病等。

20. 规模化养兔场发生传染病时，应怎么处理？

（1）迅速隔离　兔发生传染病时，应立即将病兔与健康兔隔离，尽快确诊。如果是烈性传染病，应全场封锁，并上报疫情，迅速采取扑灭措施。停止出售或外调兔，谢绝参观，饲养员不得串岗，严禁车辆出入。

（2）立即消毒，切断各种传播途径　先将病死兔和无治疗价值的兔、污染物、粪便、垫草、剩余饲料等烧毁或深埋，再对场地、兔笼、用具、衣服等进行消毒。待病兔治愈或全部处理完毕，全场经过严格的大消毒后15d，再无疫情发生时，彻底大消毒一次，才能解除封锁。

（3）紧急防治　对健康兔和有治疗价值的兔采取紧急预防接种，用抗生素或磺胺类药物进行预防或治疗。

（4）加强饲养管理，注意饮食卫生　发生传染病后，对健康兔和有治疗价值的兔应加强饲养管理，注意饮食卫生。饮水用漂白粉消毒或改饮0.1%高锰酸钾水；饲草用0.1%高锰酸钾溶液消毒、晾干；饲料要妥善保管，防止污染。

21. 兔的饲养管理与兔病的发生有何关系？

（1）科学合理地配制日粮，减少疾病的发生　要养好兔，必须科学合理地配制日粮，促进兔健康生长。饲喂全价饲料，注意饲料中营养物质的种类、数量和比例是否符合兔的生理特点和满足营养需要，对养好兔关系重大。如果日粮中某些营养成分缺乏或搭配不当，就不能满足兔的生长发育需要，其抵抗力下降，容易引发疾病。

（2）饲料搭配多样化，避免造成营养缺乏症　兔生长快，繁殖率高，体内代谢旺盛，且肉、皮、毛、奶都含有丰富的营养物质。因此，需要从饲料中获得各种养分才能满足营养需要。如果兔长期饲喂单一饲料，容易患营养缺乏症。例如，长期不喂青草，易患维生素缺乏症，兔生长发育不良，种兔出现繁殖障碍等现象。

（3）以青料为主、精料为辅，减少胀气和腹泻病的发生　兔是草食动物，其发达的盲肠是草料消化的主要场所。以青料为主、精料为辅，是饲喂草食动物的一个基本原则。兔能采食占体重10%～30%的青草量，利用植物中的粗纤维。精料的补充量，应根据生长、妊娠、哺乳等生理阶段的营养需要，每天添加50～150g。如果精料添加过多，盲肠中的微生物利用精料大量发酵，可导致胀气、腹泻，甚至死亡。

（4）保证饲料的品质，防止疾病的发生　切实把握"病从口入"关。按照兔的消化特点和饲料特性进行科学调制，做到洗净、晾干、切细、调匀，提高食欲，促进消化。

①下列情况慎喂：带雨水、露水、含水分高的草应晾干后再喂；有异味的饲料不可多喂；牛皮菜不能长期单独喂，因其草酸含量高，易造成缺钙，尤其对怀孕兔和哺乳兔不宜喂。

②下列情况不能喂：污浊的饮水；发霉、变质、有毒的饲料（包括有毒植物和施过农药的青饲料）；带有冰冻、泥沙、尖刺的草；用鲜兔粪施肥而收割的青饲料；混有兔毛、兔粪的饲料；发芽的马铃薯及马铃薯秧；带黑斑的甘薯；易膨胀的饲料未经浸泡 12h；煮熟后 5h 内的甜菜。

（5）正确合理地更换饲料，以免发生消化道疾病 饲料要保持相对稳定，夏季以青绿饲料为主，冬季以干草和块根饲料为主。当季节变换需要更换饲料时，应逐渐过渡，先更换 1/3，过 2d 再更换 1/3，再过 2d 全部更换，一般在 1 周内换完，使兔的消化机能逐渐适应更换的饲料。如突然更换饲料，易引起兔食欲下降、伤食或胀气、腹泻。

（6）饲喂要定时定量，防止暴饮暴食，以免发生消化道疾病 "定时"就是每天饲喂的次数和时间固定，使兔养成每天定时采食和排泄的习惯。饲喂时间一般为早、晚各一次，夜间添加一次青草，但幼兔的饲喂次数要多些，每次饲喂的量要少些。"定量"就是根据兔的营养需要与季节特点，确定每天和每次的喂量。兔比较贪食，如不定量，常常会导致饥饱不均、过食（特别是适口性好的饲料）。过食常常引起胃肠机能障碍，发生胀气、腹泻。喂量的多少，应根据兔的品种、体型、生理时期、季节、气候以及兔的采食和排粪情况来决定。一看体重大小，体重大的多喂，体重小的少喂；二看膘情，膘情好、肥度正常的兔少喂，瘦弱的兔多喂；三看粪便，粪便干涸，要多喂青绿饲料或增加饮水量，粪便湿稀则少喂青绿饲料，减少饮水量，并减少精料，投药治疗；四看饥饱，一般喂七八分饱为宜；五看天气，冬天多喂，夏天多喂多汁料、喂凉水，增进食欲，气候突变时少喂。兔有昼伏夜行的特点，晚上采食量占全天食量的 70%，饮水量为 60%。因此，晚上要多喂，添加夜草，白天少喂，让兔充分休息。但幼兔应保持白天和夜间均衡的采食量。

（7）保证清洁的饮水供给 兔的饮水应消毒，保证清洁卫生，矿物质含量不能超标，防止饮用不符合饮用标准的水而引起发病。兔最好让其自由饮水，一般生长旺盛的幼兔、妊娠母兔以及在母兔产仔前后、夏季、喂干饲料、喂含粗蛋白和粗纤维及矿物质含量高的饲料等，饮水量较大。冬季在寒冷地区最好喂温水，以免发生胃肠炎。

（8）保持兔舍清洁，防止病原微生物感染 兔抗病力差，喜欢清洁的环境。在日常饲养管理中，每天应打扫兔舍、兔笼，清理粪便，洗刷饲具，勤换垫草，定期消毒，减少病原微生物滋生繁殖。这是增强兔的体质、预防疾病必不可少的措施。

（9）保持环境安静，减少骚扰，以免发生应激反应 兔胆小怕惊，在管理上动作要轻微，保持环境安静，防止猫、犬、鼠、蛇等进入，以免发生不良的应激反应。

（10）兔舍应防暑、防潮、防寒 兔怕热，夏季应防暑，兔舍周围须多植树。兔怕潮湿，雨水季节湿度大，是疾病的多发季节，死亡率高，兔舍应注意防潮。冬季寒冷，对仔兔威胁大，应注意防寒。

（11）对兔分群管理 为了保证兔的健康，便于管理，兔场所有的兔都应按品种、年龄、性别、大小进行分群饲养，以免发生打架、抢食、乱配等现象。

（12）注意运动，增强对疾病的抵抗力 运动既能促进兔新陈代谢，增进食欲，增强抗病力，又能使兔晒到阳光，促进维生素D的合成，有利于钙、磷的吸收利用，避免发生软骨病。同时，减少母兔空怀和死胎率，提高产仔率。

（三）兔病防治的基本原则

22. 如何识别健康兔和病兔？

（1）观察兔的精神状态 最好选择在夜晚观察兔，健康兔表现为十分活跃，两眼炯炯有神，行动敏捷，反应迅速，轻微的响声便会使其立即抬头并两耳竖立，踩后脚。病兔则精神沉郁，行动迟缓，躲在兔笼一角或卧倒。

（2）观察、触摸兔的体表 健康兔躯体匀称，皮肤结实、致密而有弹性，红润且光滑干净；腹部柔软，并有一定弹性；肌肉结实；被毛平顺密集、柔软光亮；鼻镜湿润。病兔身体消瘦，骨骼显露，被毛蓬乱、缺乏光泽，不按换毛季节进行换毛；触摸腹部时，兔出现不安、腹肌紧张且有震颤等情况，多见于腹膜炎；而腹腔积液时，触摸有波动感；胀气时，腹围增大。

（3）观察采食情况 健康兔食欲旺盛，采食速度快；病兔食欲不振，采食速度慢或拒食。

（4）观察粪便和尿液 健康兔的粪便呈颗粒状，椭圆形，大小均匀，表面圆润光滑；尿清无色。病兔的粪便为干硬细小的粪粒，或表面黏液，呈串珠状；或呈粥样，有时混有血液、气泡，并散发腥臭味；或呈果冻样；尿液浑浊，呈黄色或红色等。

（5）测量体温、脉搏、呼吸　体温测定一般采取肛门测温法。如果体温升高到 41℃，则是患急性、烈性传染病的表现；濒临死亡时，体温可降到 36℃ 以下。兔脉搏检测多在大腿内侧的股动脉上，也可直接触摸心脏。脉搏数增加是热性病、传染病的表现。健康兔呈胸腹式呼吸，呼吸次数为每分钟 50~80 次。病兔呼吸次数增加或减少，呼吸时会出现异常声音。当出现胸式呼吸时，说明病变在腹部，如腹膜炎；当出现腹式呼吸时，说明病变在胸部，如胸膜炎。

23. 正确的捉兔方法是什么？

捉兔是管理上最常用的技术，如果方法不对，往往造成不良后果。兔耳朵大而竖立，初学养兔的人，捉兔时往往捉提两耳。但兔的耳部是软骨，不能承受全身重量，拉提时必感疼痛而乱动（因兔耳神经密布，血管很多，听觉敏锐），这样易造成耳根受伤，两耳垂落。捉兔也不能倒拉它的后腿，兔善于向上跳跃，不习惯于头部向下。如果倒拉的话，则易发生脑充血，使头部血液循环发生障碍，以致死亡。若提兔的腰部，也会伤及内脏。较重的兔，如拎起任何一部分的表皮，易使肌肉与皮层脱开，对兔的生长、发育都有不良影响（图 1-4）。因此，在捉兔时应特别镇静，勿使它受惊。首先在头部用右手顺毛按摩，等兔较为安静不再奔跑时，再一只手抓住两耳及颈皮，另一只手托住后躯，使重力倾向托住后躯的手上（图 1-5）。这样既不伤害兔体，也避免兔抓伤人。

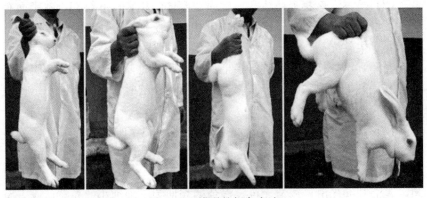

图 1-4　错误的捉兔方法

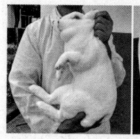

图1-5　正确的捉兔方法

24. 如何科学地保定兔？

（1）徒手保定法

①按捉兔法慢慢接近兔，轻轻抚摸兔头部和背部。待兔静卧后，用一只手连同两耳或不带耳将颈背部皮肤大把抓起，另一只手随即置于股后托住兔的臀部以支持体重，或抓住臀部皮肤和尾，将兔头朝上置于胸前，还可使兔腹部向上（图1-6）。此法适用于头部、腹部、四肢等处疾病的诊治和兔的搬运。

②一只手的虎口与兔头方向一致，大把抓住兔两耳和颈背侧皮肤，将兔提起置于另一只手臂与身体之间。该手上臂与前臂呈90°角夹住兔体，手置于兔的股后部以支持体重（图1-7）。此法适用于兔的搬运、后躯疾病诊治、体温测量和肌肉注射等。这样从腋下露出兔的口、鼻，也适用于口鼻检查和采样等。

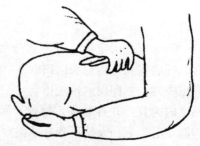

图1-6　徒手保定法-1　　　　　图1-7　徒手保定法-2

③用一只手抓住兔的颈部皮肤，另一只手抓住臀部皮肤和尾，使兔伏卧于一台面上。适用于体躯疾病检查和处置，也可用于体温检测和多种注射等。此法还可一只手抓住颈背部皮肤，另一只手抓住两后肢，使兔仰卧于台面上，以便作腹腔注射和乳房及四肢的检查。

④将兔放于台面上，两手从后面抱住兔头，以拇指和食指固定住耳根部，其余 3 指压住前肢，使兔得以固定（图 1 - 8）。此法适用于耳静脉注射和头部检查。

（2）器械保定法

①包布保定法。用一边长为 1m 左右的正方形或三角形布块，在其中一角缝上两根 30～40cm 长的带子，做成保定用包布。保定时将包布铺开，把兔置于包布

图 1 - 8　徒手保定法 - 3

中央，折起包布包裹兔体，使兔两耳及头部露出，最后用带子围绕兔体打结固定。此法适用于耳静脉注射和经口给药等。

②手术台保定法。按徒手保定法使兔仰卧于小动物专用手术台上，用绳带分别捆绑四肢，使其分开并固定于手术台上，用兔头夹固定头部（图 1 - 9）。此法适用于兔的阉割、乳房疾病治疗和腹部手术等。

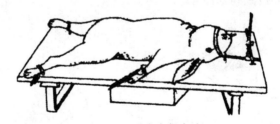

图 1 - 9　手术台保定法

③保定盒保定法。保定盒分外壳与内套两部分。保定时稍拉出内套、开启后盖，将兔头向内放入。待兔从前端内套与外壳之间的空隙中伸出头时，立即向内推进内套，使外壳正好卡住兔颈部，以兔头不能缩回盒内为宜，并拧紧固定螺丝，装好后盖（图 1 - 10）。此法适用于耳静脉注射、灌药及头部疾病的治疗等。

（3）药物保定法　药物保定又称为化学保定，是通过使用某种镇静

剂、肌肉松弛剂或麻醉药等，使动物安定、无力反抗和挣扎的一种方法。此方法在兔上使用较少，常用于一些不易捕捉或性情凶猛而难以接近的经济动物或野生动物的保定，可用于兔某些需要以手术方法进行诊治的疾病，如剖腹产、手术治疗毛球病、某些骨折的整复固定等。该方法常常还需其他保定方法的配合。

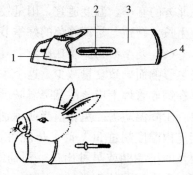

图 1-10　保定盒保定法
1. 内套　2. 固定螺丝　3. 外壳　4. 后盖

25. 不同季节如何对兔的饲养管理进行防控？

兔的生长发育与外界环境条件紧密相连。不同的环境条件对兔的影响是不同的，而我国的自然条件，不论在气温、雨量、湿度还是饲料的品种、数量、品质都有着显著的地区性和季节性的特点。因此，四季养兔就应根据兔的习性、生理特点和季节地区特点，酌情采取科学的饲养方法，以确保兔健康，促进养兔业的发展。

（1）春季的饲养管理防控　我国南方春季多阴雨，湿度大，适于细菌繁殖，对养兔是最不利的季节。兔病多，死亡率在全年为最高（尤其是幼兔）。这时虽然野草逐渐萌芽生长，但草内水分含量多，干物质含量相对减少，而兔经过一个冬季的饲养，身体比较瘦弱，又处于换毛时期。因此，春季在饲养管理上应注意防湿、防病。

①抓好兔的吃食关。不喂带泥浆水和堆积发热的青饲料，不喂霉烂变质的饲料（如烂菜叶等）。下雨以后割的青草，要晾干再喂。在阴雨多、湿度大的情况下，要少喂水分高的青饲料，增喂一些干粗饲料。为了增强兔的抗病能力，在此季节可在饲料中拌入一定量的大蒜、抗生素等，以减少和避免拉稀。对换毛期的兔，应给予新鲜幼嫩的青饲料，并适当给予蛋白质含量较高的饲料，以满足其需要。

②抓好环境的清洁卫生。笼舍要清洁干燥，每天应打扫笼舍，清除粪尿，冲洗粪槽。做到舍内无臭味，无积粪污物。食具、笼底板和产箱要常洗刷、常消毒，室内笼饲的兔舍要求通风良好，地面可撒上草木炭、石灰，借以消毒、杀菌和防潮湿。

③加强检查。每天都要检查幼兔的健康情况，发现问题及时处理。

在北方的春季，温度适宜，雨量较少，多风干燥，阳光充足，比较适于兔生长、繁殖，是饲养兔的好季节。

（2）夏季的饲养管理防控　夏季高温多湿，兔因汗腺不发达，常受炎热影响而导致食量减少，这个季节对仔兔、幼兔的威胁大。因此，夏季在饲养管理上应该注意降温防暑。

①降温防暑。兔舍应当阴凉通风，不能让阳光直接照射在兔笼上。当笼内温度超过 30℃时，早晚可在地面泼些凉水降温，露天兔场一定要及时搭凉棚或早种南瓜、葡萄等瓜藤之类，让它在笼顶上蔓延、遮阳；室内笼养的兔舍要打开窗门，让其空气对流。毛用兔须将被毛连同头面毛全部剪短，同时兔笼不要太挤；也可在屋顶和兔舍四周加盖遮阳网。

②精心喂饲。夏季中午炎热，往往食欲不振，早餐要提早喂，晚上要推迟喂，还要注意多喂青饲料。供给充足饮水，并在饮水中加入 2% 的食盐，以补充体内盐分的消耗。饲料中也可适当加入一些预防球虫的药，如氯苯胍、地克珠利等。

③搞好卫生。食盆每天洗涤一次，笼内要勤打扫，地面要用消毒药水喷洒，搞好环境卫生，消灭蚊、蝇等。

（3）秋季的饲养管理防控　秋季天高气爽，气候干燥，饲料充足，营养丰富，是饲养兔的好季节，应抓紧繁殖。但成年兔秋季又进入换毛期，换毛的兔体弱，食欲减退，应多供应青绿饲料，并适当喂些蛋白质高的饲料。这个时期早晚温差大，容易引起仔、幼兔的感冒、肺炎和肠炎等疾病，严重的会造成死亡。

（4）冬季的饲养管理防控　冬季气温低，天气冷，日照短，青草缺，北方尤甚。因此，冬季在饲养管理上应注意防寒保温。

①兔舍中的温度应经常注意保持平衡，不可忽高忽低；否则，兔易得感冒。气温在 0℃以下，要加强保温措施，室内笼饲的兔舍门窗要关闭。室外笼养的要挂上草帘，进行保温。白天应使兔多晒太阳，夜间严防贼风侵入。严寒天，长毛兔采毛后应多加置巢箱一个，内放干草，以备夜间栖宿。此外，应注意气候的变化情况，不要在寒潮来时采毛。

②冬季青饲料少，应设法每天喂一些青绿饲料，如菜叶、胡萝卜等，以补充维生素。不论大小兔，日粮的给量要比其他季节增加 1/3。要喂些能量高的饲料，如玉米、小麦等。不能喂冰冻的饲料，冬季喂干饲料应当调制后再喂。同时，要注意饮水，在低温下以饮温水为宜。冬季夜长，晚上可增喂一次夜草。

26. 规模化养兔怎样合理安全地配制饲料?

配制饲料要因时、因地制宜。兔是草食动物,应以青、粗饲料为主,精料为辅。根据兔的不同生长发育阶段和当地的饲料来源合理配比。不能饲喂霉变饲料、被农药污染的青饲料和品质不良的饲料。有条件的地方,可饲喂全价颗粒饲料。由于四季饲料来源种类不同,在更换饲料时,注意逐步过渡,缓慢适应,以防止胃肠道疾病的发生。要提供安全饲料,需要做到以下 4 点:

(1) 有一个适宜的饲养标准。

(2) 根据当地饲料资源,设计全价饲料配方,并经过反复筛选,确定最佳方案。

(3) 严把饲料原料质量关,特别是防止购入发霉饲料,控制有毒性饲料(如棉饼类)用量。避免使用有害饲料(如生豆粕),禁止饲喂有毒饲草(如龙葵)等。

(4) 防止饲料在加工、晾晒、保存、运输和饲喂过程中发生营养的破坏和质量的变化,如日光暴晒、储存时间过长、遭受风吹雨淋、被粪便或有毒有害物质(如动物粪便)污染等。

27. 规模化养兔兔病防治的基本原则是什么?

规模化养兔兔病防治的基本原则是以预防为主、治疗为辅。重点在预防上,要建立一种由多种因素相互联系、相互作用的综合疾病控制系统以及科学的饲养管理,针对社会环境、人、兔和饲料等方面,分别采用不同的方式进行消毒、隔离、净化、检疫等措施,以防病原侵入兔体,从而保证养兔业的迅速发展。

(1) 建立科学的饲养管理 在规模化养兔场建立良好的饲养环境、科学的饲喂方法、合理安全地配制饲料以及适时地分群管理。科学的饲养管理应当始终贯穿于养兔生产的整个过程。

(2) 制定合理的消毒防疫制度 包括防疫长期化、消毒制度化、预防接种程序化、定期驱虫、药物预防计划化。

(3) 制定一个合理的免疫程序 以确定先防什么病、后防什么病,有计划、有目的地按程序防疫。但免疫程序也不是一成不变的教条,而要因地、因场制宜地灵活运用,做到定期检疫和计划免疫。

（4）合理地使用药物　药物在兔疾病中的应用，必须遵循安全、合理、有效的原则。

28. 规模化养兔场如何合理地防疫？

兔场应制定长期、有效的防疫隔离制度，不受环境、市场的制约，切断疾病的传播途径，预防传染病的发生。

（1）兔场要选好场址　兔场应建在地势高燥、排水良好、背风向阳、水源丰富、水质优良、远离交通要道和人口稠密地区。兔场四周应建造围墙，入口处设置消毒池和更衣室。

（2）坚持自繁自养　避免因引进兔只而带入病原，造成疫病的传播。种兔不得对外配种。已调出的兔如再退回兔场，应隔离观察 1 个月后，再混群。兔场内部不能饲养其他畜禽，以防疫病传播。非工作人员，尤其是外来人员，不准进入饲养区。原则上禁止车辆进入生产区。确需进入时，对车辆进行严格消毒。

（3）固定饲养人员和用具，饲养人员不得串岗，用具不能互相借用　饲养人员每天检查兔群的健康状况，发现病兔及时隔离治疗，死兔及时深埋。病死兔尸体的处理原则是不向环境散毒，对人、畜安全。

（4）兔舍要保持清洁卫生，每天清扫粪便，冲洗排粪沟、定时清洗消毒食槽和饮水器具　粪便和用过的垫草要远离兔舍，堆积后用湿土密封，利用生物热发酵 30d 进行无害化处理后作肥料使用。

（5）清除兔舍周围的垃圾和杂物，妥善保管好饲料，开展经常性的杀虫灭鼠工作　鼠类动物、蚊、蝇、蚤等是兔的某些传染病病原体的携带者和传播者，要设法消灭。老鼠在兔场极为常见，不仅携带病原，传播疾病，还偷吃饲料。可采用堵鼠洞、鼠夹、鼠笼、鼠药毒鼠等方法消灭。用杀鼠药毒鼠时，应用国家规定的药物，注意在用鼠药时要选择对人、畜毒性较低的药物，并定期更换，以防药物产生耐药性或老鼠拒食。每月在兔场内外和蚊蝇滋生的场所喷洒两次。但关键是要天天清扫兔场，定期消毒，对场内外的垃圾和渣滓要随时清除，使鼠、蚊、蝇等无藏身之处。

29. 规模化养兔发生疫病时，应采取什么措施？

（1）及时发现，尽快诊断　饲养人员应经常观察兔群的健康状况，发现异常，及时报告，请兽医及早诊断，以便采取紧急措施。如暴发传染病，要采取果断措施，迅速扑灭疫病，防止疫情扩大，减少损失。如不能及时发现或采取有效的果断措施，会使疫病在很短时间内迅速发展，引起大批死亡，造成较大的经济损失。

（2）迅速隔离　经确认为传染病后，迅速将病兔隔离，以便将疫病控制在原发地，就地扑灭。隔离后，进行饲养观察和对症治疗，并进一步检查诊断。如不能确诊，应请专业人员进行诊断或化验。

（3）紧急消毒　在严格控制和隔离病兔后，所有被病兔接触过的笼舍、用具、饲料等应立即消毒。

（4）紧急接种　发生传染病时，为迅速控制和扑灭传染病的流行，对疫区和受威胁区尚未发病的兔只进行紧急免疫接种。在疫区内早期使用疫苗能取得较好的效果，如兔瘟等急性传染病。在接种过程中，做到严格消毒，一只兔一支针头，避免散播病原和扩大疫情。但在疫区内接种时，无临床症状的易感兔才能接种，病兔不接种。

（5）及早淘汰　病兔数量不多或无可靠的有效药物治疗，或疗程较长，医疗费用超过治愈后的价值，应立即淘汰所有病兔。这是扑灭传染病的有效措施之一。

（6）正确处理病死兔　场内不得随意存放病死兔，严禁饲养人员和工作人员食用和解剖死兔。剖检死兔必须由兽医在指定地点进行。

（7）送样检测　若兔群发病死亡率突然升高，又查不出原因，没有较好的治疗方法，应尽快送新鲜死兔到有条件的兽医部门诊断。

30. 规模化养兔发生兔病时，治疗方法有哪些?

兔病的治疗方法有外科疗法、内科疗法、中毒病的特效解毒药的应用、血清制品的应用、接种疫苗等。根据疾病种类不同，可使用一种、两种或两种以上的方法治疗。另外，不管哪一种治疗方法，都涉及用药。根据疾病不同，可选择适宜的药物和给药方法进行治疗。

（1）外科疗法　主要是对患病部位或针对病因施行外科手术和用药的方法。如脓肿、肿瘤的部位麻醉及其切除、用药、包扎，外伤的消毒、缝合或包扎，骨折和脱臼的复位和固定，剖腹产、人工助产及其用药，皮肤病、结膜炎、口腔炎用药等。

（2）内科疗法　主要是根据疾病的不同选用不同的药物和给药方法，进行全身性的治疗和调理。如便秘，要润肠通便，可使用植物油灌服或肛门给药等；腹泻，要止泻、补液、消炎杀菌等。外伤失血过多、难产等疾病，除施行外科手术外，还要进行强心、补充体液、能量和电解质，并应用一定量的抗生素防止继发感染。

（3）中毒病的解毒　如有机磷中毒可注射解磷定进行特效解毒，同时要采用内科疗法强心补液。无特效解毒药的中毒如食盐中毒，可口服大量葡萄糖水促进排泄，同时补加维生素 C 和维生素 K 缓解出血，还要饲喂一定量的抗生素防止继发感染。

（4）血清和疫苗　某些传染病无有效药物用于治疗，除大群兔用某些药物对症治疗和缓解症状外，对有治疗价值的兔可用特异性抗血清进行注射，可取得良好的治疗效果。对于大群的假定健康兔可使用疫苗进行紧急预防接种，有时可取得良好效果；而对于发病兔一般不进行疫苗注射。

31. 治疗兔病时有哪些注意事项？

（1）治疗时间宜早不宜迟　兔的耐受性较差，发病后一般病程较短，死亡迅速，许多疾病往往来不及用药，兔就已经死亡。一般由病毒或细菌所导致的疾病，在出现症状后 4h 内用药物治疗，治疗效果比在 4h 以后的治愈率高 2 倍以上。

（2）给药剂量宜足不宜少　用药剂量对治疗效果关系重大。因兔疾病发病较快，因此用药要求及时、快速地控制疾病的发展，以缩短治疗时间。一般使用治疗量的上限，特别是第一次用药时，如用量不足，就不能及时快速地控制疾病的发展，使机体受到更大的损伤，注意足量不是中毒量，不是过量用药。不要造成中毒，引起不良后果。

（3）给药途径宜速不宜缓　不同的给药方式、途径，使药物到达血液的速度不同。因此，药物起效的时间也不同。凡是用于治疗的药物，应尽量采用最快、最有效的给药方式。所以，一般可以采取输液、肌肉注射、口服法。

（4）药物配伍宜复不宜单

①用复合制剂或联合用药，而不是单独用一种药物。一种药物的作用一般较为单一，而动物机体患病是一个复杂的反应，单一药物不能对多个方面都起到作用，有一些药物还有一些副作用。因此，可以通过复合用药来发挥出各个药物最好的治疗作用，避免药物的不良作用。

②用一些对动物机体机能起促进和营养作用的药物。例如，治疗球

虫病时，可在用抗球虫的基础上，再用一些维生素类的药物，以抗应激，促进上皮组织的修复和功能的恢复，使疾病能早日得到彻底治愈。

（5）用药温度宜温不宜凉　在用液体药物时，因兔个体较小，药物温度会对兔体产生较大的影响。如静脉输液时，就应将药液的温度预热至兔体温。尤其是在寒冷季节给药，或对比较幼小的兔给药更应如此。

32. 如何对规模化养兔场的卫生进行管理?

（1）场区卫生管理

①进入场区要消毒。为防止饲养管理人员和外来人员及车辆将病原体带入场区，在大门口、兔场和生产区门口及不同兔舍间设置消毒池。池内应保证有效的药液浓度（可用2%的烧碱），进出人员及车辆必须经过消毒池。

②出售兔只在场外进行。已出场的兔只，严禁再送回场，严禁其他畜禽进入场内。生产区内各栋兔舍周围、人行道，3～5d大扫除一次，10～15d消毒一次。饲料房、运动场每天清扫，保持清洁干燥，5～7d消毒一次。

③每年春秋两季，对场区易污染的兔舍墙壁、固定兔笼的笼壁涂上10%～20%生石灰乳，墙角等阴暗处撒上生石灰。生产区门口、兔舍门口的消毒池应每隔1～3d清洗一次，换上新的消毒液，以确保消毒效果。

（2）兔舍卫生管理　各兔舍之间的周围环境，包括过道、粪污沟、间隔区域等应定期冲洗，并在场区内进行高压喷洒消毒。夏秋季节5～7d消毒一次，早春、冬季10～15d消毒一次。兔舍、兔笼、走道、粪尿底沟每天清扫，并保持干燥。粪便及脏物应在离兔舍150m以外堆积发酵。兔舍环境消毒的具体措施如下：

①空兔舍消毒。空兔舍是彻底消毒的最好机会，彻底冲洗消毒，杀灭兔只可能带有的各种细菌和病毒，避免下次重复感染发病。消毒顺序是：清除粪尿-高压水冲洗-干燥-消毒液喷洒-干燥-再消毒（可用福尔马林熏蒸）-移入经彻底清洁消毒的用具。

②存栏兔舍的消毒。以地面消毒为主，消毒顺序是：除粪尿-冲洗-喷洒消毒液。因消毒液可能附着于兔体或被兔吸入，要避免使用有毒性及强刺激性的药物。带兔消毒时，选用对兔生长发育无害而又能杀死病

原微生物的消毒液，如百毒杀、过氧乙酸等，将消毒剂直接喷洒在兔笼上，杀灭病原，防止疾病的发生。兔只转群或母兔分娩前，待转入的兔舍、兔笼均需消毒一次。

③兔舍内饮水器、饲槽的消毒。饲养所用的饮水器、食槽、料盆、运料车斗等应每天冲刷，7～10d 消毒一次。最好每天清洗饮水器，并用低毒性消毒剂消毒。定期在兔饮水中添加消毒剂进行饮水消毒，选用低毒性的消毒剂，并按规定浓度使用，以确保对兔只无毒害，不发生中毒。这对于乳头式、鸭嘴式的饮水器特别重要。

④其他设备的消毒。各兔舍的设备、工具应固定，不得互相借用；每个兔笼的食槽、饮水器及草架也应固定。刮粪、打扫、推粪车等用具，用完后及时消毒，晴天放在阳光下暴晒。产仔箱、运输笼及日常用具，用完后应先用水冲刷干净，再用消毒液喷洒或浸泡消毒，最后在阳光下晒干或熏蒸后备用。对于工作服、鞋、帽的消毒，除更衣室用紫外线消毒外，应定期清洗，有污物的应用消毒液或漂白粉洗涤。

（3）兔场人员卫生管理　饲养人员要定期检查身体，发现患有人畜共患病的必须调离，以防人兔交叉感染。凡进入兔舍、饲料间的饲养人员，必须换衣、换鞋、脚踏消毒池后方可入内。工作人员在进入生产区之前，必须经过消毒间的紫外灯消毒 15min，或更换工作服、穿工作鞋、戴工作帽，有条件的地方最好设置喷雾消毒室。生产区一般谢绝参观，特殊情况下外来人员必须更换经消毒的工作服、鞋、帽才能进入生产区。参观人员的消毒方法与工作人员相同，出入时用消毒液洗手。在场区内人员不能随意串舍，以免人员流动造成疫病传播。

兽医进入或离开兔舍时应将手和鞋消毒，污染的衣服也要消毒处理，所用器械每次用完后煮沸消毒或用新洁尔灭浸泡消毒。工作服、毛巾和手套应经常洗涤消毒。

场区内禁止随地吐痰、便溺，不准带犬、猫等动物入内，也不准将书报等其他私人物品带入舍内。

33. 规模化养兔如何驱虫？

（1）驱虫程序　根据兔场寄生虫病流行情况，筛选出高效驱虫药物。首先，对全场兔群普遍注射一次伊维菌素或阿维菌素。种兔产仔前10～15d，皮下注射伊维菌素或阿维菌素，仔兔断奶前一周左右，皮下注射伊维菌素或阿维菌素，目的是防止个别带虫者混群后传染；仔兔混群后一周，全部注射伊维菌素或阿维菌素，目的是杀死皮内虫卵孵的幼虫。引进种兔需注射伊维菌素或阿维菌素及饲喂抗球虫药物，并要隔离饲养一个月左右确诊无病后方可合群混养。预防球虫可以选择3~5种不同类别的抗球虫药按预防剂量拌料给药，交替使用，每个月连续喂10~15d，最好在一个喂药期之前和结束后抽粪样检查球虫卵囊，以观察预防效果，便于指导下一次用药。使用一种抗球虫药不超过3个月，以免产生耐药性。更换药物时，不得使用同一类药。

（2）驱虫对象　兔的体外寄生虫病主要有疥癣、兔虱；体内寄生虫主要有球虫、囊尾蚴、栓尾线虫等。疥癣病、螨病和球虫病是兔场预防的重点，尤其是球虫病，4~5月龄的兔球虫感染率可高达100%。患病后幼兔的死亡率一般可达40%~70%，需要全年预防。兔螨病可致皮肤发炎、剧痒、脱毛等，影响增重甚至造成死亡。

（3）药物选择与应用原则　首先应考虑选择抗虫谱广的药物；其次是合理安排用药时间，以免用药次数过多而造成应激反应；最后是选择药效好、毒副反应小、使用方便的药物。

①抗球虫药物。预防效果较好、毒副反应小的药物主要有莫能菌素和杀球灵。磺胺类药物虽然有较好的治疗作用，但由于长期用作预防药，易产生出血性综合征、肾损害及生长抑制等毒性反应。因此，磺胺类药物通常用作治疗药物。

莫能菌素属于聚醚类离子载体抗生素，按0.002%剂量混于饲料中拌匀制成颗粒饲料饲喂1~2月龄幼兔有较好的预防作用。在球虫污染严重地区或暴发球虫病时，用0.004%剂量混于饲料中喂服可以预防和治疗兔球虫病。

杀球灵活性成分为三嗪苯乙腈，其商品名有克利禽、伏球、扑球、地克珠利等，每千克饲料或饮水0.5mg连续用药效果良好。混料预防兔肠型球虫、肝型球虫均有极好的效果，对氯苯胍有抗药性的虫株对该药敏感，可使卵囊总数减少99.9%。杀球灵应作为生产中预防兔球虫的首选药物。

三嗪苯乙腈是一种非常稳定的化合物，即使在60℃的过氧化氢（氧化剂）中8h也无分解现象，即使置于100℃的沸水中5d其有效成分也不会崩解流失。因此，可以混入饲料中制成颗粒饲料而药效不下降。

②杀螨药物和驱线虫药物。伊维菌素和阿维菌素既可杀螨又可驱线虫，而且效果颇好。阿维菌素和伊维菌素对兔疥螨和兔痒螨的有效率为

100%，用药后一周即查不到活螨。使用剂量均为每千克体重 0.02mg，拌料饲喂或皮下注射伊维菌素注射液，每千克体重 0.02mL。但由于重复感染必须用药 2 次，间隔时间一般为 2 周左右，对兔螨病的防治效果显著。

（四）兔病与药物对兔生产的影响

34. 兔病对规模化养兔有什么影响?

随着我国养兔业的不断扩大，兔的健康生长尤为重要。为了保障兔群的发展，兔病防治在兔生长过程中占据重要地位。兔病影响兔的健康生长，主要表现为影响生长速度、成活率、出栏率、种兔的配怀率、产仔率、产活仔数等。在养殖中，首先就是要做到正确的诊断疾病；其次就是正确、合理、有效地给药治疗。

规模化养兔具有群体规模大、生产效率高等特点，但规模化兔场群发性疾病发生率较高，危害严重。兔病的发生存在地区差异，对兔场造成不同程度的经济损失。兔场常发疾病主要有球虫病、真菌病、大肠杆菌病、巴氏杆菌病、兔瘟、呼吸道疾病等，其中危害较重的疾病主要有兔瘟、大肠杆菌、巴氏杆菌和球虫病等。主要由于对疾病的重视不够、技术水平不足和控制措施不到位，导致了兔场的经济损失。目前，我国规模化养兔场兔病发生对生产具有以下影响：

（1）兔瘟流行呈低龄化、非典型化　发病年龄呈现低龄化趋势。青年兔、成年兔发病率较高，而断奶兔发病呈现走高的趋势，且症状典型，发病率、死亡率均较高。

（2）呼吸道疾病发病率明显增高　规模化养兔场因高密度、通风不良等因素造成的空气质量下降，舍内有害气体浓度上升，诱发呼吸道疾病发生。

（3）大肠杆菌、魏氏梭菌病等发生率很高　规模化养兔场大肠杆菌病和魏氏梭菌病的发生率位居所有疾病之首，在兔群中发病率和死亡率均最高。大肠杆菌病是由一定血清型的大肠杆菌及其分泌的毒素引起的一种暴发性、死亡率很高的仔幼兔肠道传染病，其特征为水样或胶冻样粪便及脱水而死。大肠杆菌属兔常在菌，各种应激均可导致肠道紊乱，诱发本病。一旦兔群个别兔发病，同笼兔或相邻兔往往相继发生，逐渐扩散到兔群中，此病在秋冬、冬春时期更为严重。魏氏梭菌病危害各种年龄的兔，无有效的治疗方法，致死率较高。

（4）腹胀病危害严重　兔腹胀病，是以腹胀为特征的传染性疾病。病因复杂，给养兔业带来很大的经济损失。一年四季均可发生，秋后至翌年春天发病率较高。各品种兔均可发病，以断奶后至 4 月龄兔发病为主，特别是 2～3 月龄兔发病率高，成年兔很少发病。

（5）营养代谢性疾病呈现上升趋势　规模化养兔多采用笼养，生产水平高，兔的生长发育、繁殖、产毛所需的营养物质只能从饲料中获得。日粮中某一营养元素缺乏或过量，就会引起相应的症状。如日粮中钙、磷不足或比例不当，会引起幼兔佝偻病、母兔产后瘫痪等。兔群长期饲喂维生素 A 和维生素 E 含量低的日粮，会导致兔群受胎率低、滑胎率高、仔兔脑水肿数量增加、产活仔率低等繁殖障碍。

（6）球虫病呈常年化流行特点　球虫病主要是由艾美尔属的多种球虫引起的一种对幼兔危害极其严重的常见体内寄生虫病。规模化养兔场由于饲养方式的改变（地面饲养转为笼养）、预防意识的增强，目前球虫病发生呈现下降趋势。但由于规模化养兔场加强了对兔舍环境控制，冬季兔舍温度适宜，为兔群提供了一个舒适的环境，也为球虫卵的生存、发育提供了一个适宜的条件，球虫病的发生已无明显的季节性。

（7）毛癣病发病率高，较为顽固　毛癣病是由致病性皮肤癣真菌引起的以皮肤角化、炎性坏死、脱毛、断毛为特征的传染病。本病虽然可用灰黄霉素进行治疗，首次治疗效果较好，但易复发。随着治疗次数的增加，效果逐渐不明显。有些兔场开始仅有几只兔发生，由于舍不得淘汰而进行治疗，过段时间不但没治好，全群却大面积感染，有的饲养人员也会被感染。毛癣病在一些规模化养兔场或地区广泛流行，造成皮张质量、生产性能严重下降。虽然一时可以治好，但随后又相继复发，给养兔生产者造成很大的经济损失和心理负担。

（8）繁殖障碍性疾病普遍发生　规模化养兔场因环境控制不到位、饲料营养不平衡或饲养管理不当，造成兔群繁殖障碍，致使兔群繁殖力较低，严重影响养兔效益。

35. 药物使用对规模化养兔有什么影响？

药物使用是保证兔健康和兔福利的基础。在规模化养兔生产中，使用可靠的药物来治疗兔病较为普遍。同时，只有有效合理地使用药物，才能保证兔的健康，从而保障兔的养殖获得更多的生产利润。

　　药物在兔疾病中的应用，必须遵循安全、合理、有效的用药原则。不正确有效的用药方式，会给兔带来不同程度的不良反应。药品不良反应主要是指合格药品在预防、诊断、治疗或调节生理功能的正常用法用量下出现的有害的和意料之外的反应。它不包括无意或故意超剂量用药引起的反应，以及用药不当引起的反应。常见的不良反应有以下 5 种：

　　(1) **药物的副作用**　药品在规定常用剂量使用时出现的与防病治病目的无关的作用。

　　(2) **药物的过敏反应**　过敏反应是指少数具有特异体质的动物对某些药物产生的异常反应。

　　(3) **药物继发感染（或二重感染）**　主要表现在长期、大剂量使用广谱抗菌药，敏感的细菌被杀灭了，不敏感的细菌、真菌大量繁殖，从而引起新感染。

　　(4) **毒性作用**　药物在常用剂量时不会产生毒性反应，只有在过量、过久使用时方可产生。

　　(5) **致畸作用**　不少药物对患病兔的影响已被肯定，对怀孕母兔必须慎用药物。

36. 规模化养兔药物的错误使用与兔生产有何关系？

　　(1) **乱用抗生素**　有些养兔场或农户为防治兔病，常在饲料里添加土霉素、痢菌净、庆大霉素等抗菌类药物。这种做法对兔有害无益，很不科学。兔是草食动物，食进的饲草主要靠肠道内各种微生物的活动将其中的纤维素被分解吸收。当给兔加喂抗生素后，其肠道内的大量有益微生物被抑制或被杀灭，同时又使肠道内的致病菌特别是大肠杆菌、沙门氏菌产生较强的抗药性，并大量繁殖。久而久之，兔一旦发病，会给治病带来很大的困难。

　　(2) **疫苗冷冻保存**　有些人不懂得疫苗保存方法，常将购回的疫苗放入冰箱的冷冻室中储存，疫苗会结冰。这样保存的疫苗在使用后对兔往往失去免疫效果，从而给生产带来严重的经济损失。正确的做法是：除弱毒活疫苗和水痘疫苗应冷冻保存外，其他多数疫苗应在购回后不开包装，在 4～8℃冰箱或常温遮光条件下保存，保存期只有半年。

　　(3) **用药不当或乱用药物**　用药不当主要表现在药物的选择错误和剂量使用不准确。目前，农村有很多养兔户治疗兔疥癣仍用肥皂洗涤患部，然后用敌百虫液擦洗。殊不知，这种做法对兔很危险。原因是肥皂属碱性，与敌百虫液相遇会产生类似敌敌畏的毒性作用，极易引起兔中毒。正确的方法是：在用肥皂水洗涤患部后，需用清水冲洗，并用布擦干，再涂以敌百虫药液。

二、规模化养兔环境与疫病防控篇

（一）规模化养兔场建筑与防控

37. 规模化养兔场建设的基本原则是什么?

（1）最大限度地适应兔的生物学特性　兔舍建筑应充分考虑兔的生物学特性，兔有啮齿、喜干燥、怕热、耐寒等生活习性。因此，应注重场址、建筑材料的选择。

（2）有利于提高劳动生产率　兔舍设计与建筑应便于饲养人员的日常管理和操作。如果兔笼总高度过高或层数过多，极易给饲养人员的操作带来困难，影响工作效率。因此，兔舍合理的设计将会减轻饲养人员的劳动强度，增强饲养人员的工作积极性，从而提高劳动生产率。

（3）满足兔生产流程的需要　兔的生产流程因生产类型、饲养目的不同而异。兔舍设计应结合生产经营者的发展规划和设想，满足相应的生产流程的需要，要避免生产流程中各环节在设计上的脱节或不协调、不配套。各种类型兔舍、兔笼的结构要合理，数量要配套。例如，种兔场以生产种兔为目的，应按种兔生产流程设计建造相应的种兔舍、后备兔舍等；商品兔场则应设计种兔舍、育成兔舍等。

（4）合理的兔场规模　兔场规模的确定需考虑众多因素。如兔产品的市场需求和市场走势、当地的自然条件和饲料资源、自身的技术力量、养殖经验和经营能力等。规模过小难以形成气候，经济效益不明显；规模过大则投资大、风险大，若技术和经营跟不上，很可能造成严重的经济损失。总之，经营者应选择合理的兔场规模，逐步稳定地发展。

（5）力求经济实用，获取更大的经济效益　兔场设计"以兔为本"，力求经济实用，应综合考虑饲养规模、饲养目的、兔品种、饲养水平、生产方式、卫生防疫、地理条件及经济承受能力等多种因素，并从自身的经济承受力出发，因地制宜、全面权衡、讲求实效，注重整体的合理、协调发展，从而降低兔场的生产成本，获取更大的经济效益。

38. 如何科学合理地进行规模化养兔场场址选择？

兔场是集中饲养兔和以兔养殖为中心而组织生产的场所，是兔重要的外界环境条件之一。场址选择恰当与否，直接关系到兔生产和经营的好坏。本着有效实用的原则，进行兔场场址的选择、建筑物的科学建造与合理布局、设备的科学选用，以合理利用自然和社会资源，保证良好的环境，提高兔场的疫病防控能力和劳动生产效率。

兔场场址的选择，应根据兔场的规模、经营方式、生产特点、管理形式等方面，对地势、地形、土质、水源、风向、朝向、交通等条件进行全面考虑。

(1) 地势和地形　兔场场址应选在地势高燥的地方，至少高于当地历史洪水的水位线以上。同时，为避免雨季洪水的威胁和减少因土壤毛细管水上升而造成的地面潮湿，其地下水位应在 2m 以下。兔喜干燥，厌潮湿污浊。低洼潮湿、排水不良的场地，不利于兔的体热调节，有利于病原微生物的繁殖，特别是寄生虫（如疥癣、球虫等）的生存，同时还严重影响建筑物的使用寿命。

地势要背风向阳，以减少冬春季风雪侵袭，保持兔场相对稳定的温热环境，特别是避开西北方向的山口和长形谷地。

地形要开阔、整齐和紧凑，不宜过于狭长和边角过多，以便缩短道路和管线长度，节约投资和利于管理。要充分利用自然地形地物，如林带、山岭、河川、沟河等，作为场界和天然屏障。

兔场地面要平坦或稍有坡度，以便排水。地面坡度以 1%～3% 为宜，最大不得超过 25%。坡度过大，建筑施工不便，也会因雨水长年冲刷而使兔场坎坷不平。

兔场占地面积，要根据兔的生产方向、饲养规模、饲养管理方式和集约化程度等因素而确定。在设计时，既应考虑满足生产，节约用地，又要为今后发展留有余地。如以一只基础母兔及其仔兔占 1.2m^2 建筑面积计算，兔场的建筑系数约为 15%，500 只基础母兔的兔场需要占地约 4 000m^2。

(2) 土质　兔场场地土壤情况，如土壤的透气性、吸湿性、毛细管特性、抗压性及土壤中的化学成分，都直接或间接地对兔及其建筑物产生影响。

透气、透水性不良、吸湿性大的土壤（如黏土类），当受粪尿等有机物污染后，在厌氧条件下进行分解，产生有害气体如氨、硫化氢等，使场区空气受到污染。同时，其分解产物对当地土壤及水源造成污染。

潮湿的土壤是病原微生物及蝇蛆等生存和滋生的良好场所，对兔的健康造成威胁。此外，这样的土壤抗压性低，常使建筑物基础变形，从而缩短建筑物的使用年限。

颗粒较大、透气透水性强、吸湿性小、毛细管作用弱的土壤（如沙土类），虽然易于干燥和有利于有机物的分解，但它的导热性大，热容量小，易增温，也易降温。昼夜温差明显的地方，也不适于建造兔场。

兔场理想的土壤为沙壤土。它兼具沙土和黏土的优点，既有一定数量的大孔隙，又有大量的毛细管孔隙，故透气透水性良好，持水性小，雨后不会泥泞，易于保持适当的干燥，可防止病原菌、寄生虫卵和蚊蝇的生存与繁殖。同时，由于透气性好，有利于土壤本身的自净。这种土壤的导热性小，热容量较大，土温比较稳定，对兔的健康和卫生防疫都有好处。又由于具抗压性好、膨胀性小，适于兔场设施的建筑。

总之，从建筑学和家畜环境卫生学的观点看，兔场应选建在沙壤土地上。但由于客观条件的限制，选择理想的土壤是不容易的。因此，应选择相对较理想的土壤，并在兔舍的设计、施工、使用和日常管理上，设法弥补土壤的某些缺陷。

（3）水源与水质　一般兔场的用水量比较大，必须要有足够的水源。兔场的用水量应包括人的生活用水、生产用水、消防和灌溉用水。人的生活用水是指职工每天所消耗的水，其中包括饮用、洗衣、洗澡及卫生用水，其用水量因生活水平、卫生设备、季节与气候等而不同，一般可按每人每天 20～40L 计算。生产用水是指兔每天平均用水量，其中包括饮水、兔舍笼具清洗、种植饲料作物灌溉等所消耗的水，一般可按每只兔每天 3L 计算。

水源及水质，应作为兔场场址选择优先考虑的一个重要因素。作为兔场水源，水量要充足，水质必须符合《生活饮用水卫生标准》（GB 5749—2006）、《地表水环境质量标准》（GB 3838—2002）的要求，便于保护和取用。生产和生活用水应清洁无异味，不含过多的杂质、细菌和寄生虫，不含腐败有毒物质，矿物质含量不应过多或不足。兔场较理想的水源是自来水和卫生达标的深井水，其他水源可分为 3 大类：

第一类为地面水，如江、河、湖、塘及水库水等，主要由降水或地下泉水汇集而成。其水质受自然条件影响较大，易受污染。特别易受生活污水及工业废水的污染，常因此引发疾病或造成中毒。使用此类水源应经常进行水质的化验。江、河、湖泊中的流动活水，只要未受生活污水及工业废水的污染，稍做净化和消毒处理，也可作为生产生活用水。一般而言，活水比死水自净力强。应选择水量大、流动的地面水源。

第二类为地下水。这种水为封闭的水源，受污染的机会较少。而且，离地面距离越远，受污染的程度越低，也越洁净。但地下水往往受地质化学成分的影响而含有某些矿物性成分，硬度一般较大。有时会因某些矿物性毒物而引起地方性疾病。当选用地下水时，应首先进行水质的化验。

第三类为降水。以雨、雪等形式降落在地面而成。其中，常有大气中的某些杂质和可溶性气体，因而受到污染。降水的收集不易，水质无保证，储存困难。除水源特别困难的小型兔场外，一般不宜采用。

生活饮用水水质常规指标及限值见表 2-1。地表水环境质量标准基本项目标准限值见表 2-2。集中式生活饮用水地表水源地补充项目标准限值见表 2-3。集中式生活饮用水地表水源地特定项目标准限值见表 2-4。

表 2-1　生活饮用水水质常规指标及限值

指　　标	限　　值
1. 微生物指标[①]	
总大肠菌群（MPN/100mL 或 CFU/100mL）	不得检出
耐热大肠菌群（MPN/100mL 或 CFU/100mL）	不得检出
大肠埃希氏菌（MPN/100mL 或 CFU/100mL）	不得检出
菌落总数（CFU/mL）	100
2. 毒理指标	
砷（mg/L）	0.01
镉（mg/L）	0.005
铬（六价，mg/L）	0.05
铅（mg/L）	0.01
汞（mg/L）	0.001
硒（mg/L）	0.01
氰化物（mg/L）	0.05
氟化物（mg/L）	1.0

（续）

指　标	限　值
硝酸盐（以 N 计，mg/L）	10（地下水源限制时为 20）
三氯甲烷（mg/L）	0.06
四氯化碳（mg/L）	0.002
溴酸盐（使用臭氧时，mg/L）	0.01
甲醛（使用臭氧时，mg/L）	0.9
亚氯酸盐（使用二氧化氯消毒时，mg/L）	0.7
氯酸盐（使用复合二氧化氯消毒时，mg/L）	0.7
3. 感官性状和一般化学指标	
色度（铂钴色度单位）	15
浑浊度（NTU）	1（水源与净水技术条件限制时为 3）
臭和味	无异臭、异味
肉眼可见物	无
pH	不小于 6.5 且不大于 8.5
铝（mg/L）	0.2
铁（mg/L）	0.3
锰（mg/L）	0.1
铜（mg/L）	1.0
锌（mg/L）	1.0
氯化物（mg/L）	250
硫酸盐（mg/L）	250
溶解性总固体（mg/L）	1 000
总硬度（以 $CaCO_3$ 计，mg/L）	450
耗氧量（COD_{Mn}法，以 O_2 计，mg/L）	3（水源限制，原水耗氧量>6mg/L 时为 5）
挥发酚类（以苯酚计，mg/L）	0.002
阴离子合成洗涤剂（mg/L）	0.3
4. 放射性指标[②]	指导值
总 α 放射性（Bq/L）	0.5
总 β 放射性（Bq/L）	1

　　注：①MPN 表示最可能数；CFU 表示菌落形成单位。当水样检出总大肠菌群时，应进一步检验大肠埃希氏菌或耐热大肠菌群；当水样未检出总大肠菌群时，不必检验大肠埃希氏菌或耐热大肠菌群。
　　②放射性指标超过指导值，应进行核素分析和评价，判定能否饮用。

表 2-2　地表水环境质量标准基本项目标准限值

序号	项　目	分　类				
		Ⅰ类	Ⅱ类	Ⅲ类	Ⅳ类	Ⅴ类
1	水温（℃）	人为造成的环境水温变化应限制在：周平均最大温升≤1，周平均最大温降≤2				
2	pH	6～9				
3	溶解氧（mg/L）	饱和率 ≥90% （或≥7.5）	≥6	≥5	≥3	≥2
4	高锰酸盐指数（mg/L）	≤2	≤4	≤6	≤10	≤15
5	化学需氧量（COD）（mg/L）	≤15	≤15	≤20	≤30	≤40
6	五日生化需氧量（BOD₅）（mg/L）	≤3	≤3	≤4	≤6	≤10
7	氨氮（NH₃-N）（mg/L）	≤0.15	≤0.5	≤1.0	≤1.5	≤2.0
8	总磷（以P计）（mg/L）	≤0.02 （湖、库 ≤0.01）	≤0.1 （湖、库 ≤0.025）	≤0.2 （湖、库 ≤0.05）	≤0.3 （湖、库 ≤0.1）	≤0.4 （湖、库 ≤0.2）
9	总氮（湖、库，以N计）（mg/L）	≤0.2	≤0.5	≤1.0	≤1.5	≤2.0
10	铜（mg/L）	≤0.01	≤1.0	≤1.0	≤1.0	≤1.0
11	锌（mg/L）	≤0.05	≤1.0	≤1.0	≤2.0	≤2.0
12	氟化物（以F⁻计）（mg/L）	≤1.0	≤1.0	≤1.0	≤1.5	≤1.5
13	硒（mg/L）	≤0.01	≤0.01	≤0.01	≤0.02	≤0.02
14	砷（mg/L）	≤0.05	≤0.05	≤0.05	≤0.1	≤0.1
15	汞（mg/L）	≤0.00005	≤0.00005	≤0.0001	≤0.001	≤0.001
16	镉（mg/L）	≤0.001	≤0.005	≤0.005	≤0.005	≤0.01
17	铬（六价）（mg/L）	≤0.01	≤0.05	≤0.05	≤0.05	≤0.1
18	铅（mg/L）	≤0.01	≤0.01	≤0.05	≤0.05	≤0.1
19	氰化物（mg/L）	≤0.005	≤0.05	≤0.2	≤0.2	≤0.2
20	挥发酚（mg/L）	≤0.002	≤0.002	≤0.005	≤0.01	≤0.1
21	石油类（mg/L）	≤0.05	≤0.05	≤0.05	≤0.5	≤1.0
22	阴离子表面活性剂（mg/L）	≤0.2	≤0.2	≤0.2	≤0.3	≤0.3
23	硫化物（mg/L）	≤0.05	≤0.1	≤0.2	≤0.5	≤1.0
24	粪大肠菌群（个/L）	≤200	≤2 000	≤10 000	≤20 000	≤40 000

表 2-3　集中式生活饮用水地表水源地补充项目标准限值

单位：mg/L

序号	项　目	标准值
1	硫酸盐（以 SO_4^{2-} 计）	250
2	氯化物（以 Cl^- 计）	250
3	硝酸盐（以 N 计）	10
4	铁	0.3
5	锰	0.1

表 2-4　集中式生活饮用水地表水源地特定项目标准限值

单位：mg/L

序号	项　目	标准值	序号	项　目	标准值
1	三氯甲烷	0.06	22	二甲苯①	0.5
2	四氯化碳	0.002	23	异丙苯	0.25
3	三溴甲烷	0.1	24	氯苯	0.3
4	二氯甲烷	0.02	25	1,2-二氯苯	1.0
5	1,2-二氯乙烷	0.03	26	1,4-二氯苯	0.3
6	环氧氯丙烷	0.02	27	三氯苯②	0.02
7	氯乙烯	0.005	28	四氯苯③	0.02
8	1,1-二氯乙烯	0.03	29	六氯苯	0.05
9	1,2-二氯乙烯	0.05	30	硝基苯	0.017
10	三氯乙烯	0.07	31	二硝基苯④	0.5
11	四氯乙烯	0.04	32	2,4-二硝基甲苯	0.000 3
12	氯丁二烯	0.002	33	2,4,6-三硝基甲苯	0.5
13	六氯丁二烯	0.000 6	34	硝基氯苯⑤	0.05
14	苯乙烯	0.02	35	2,4-二硝基氯苯	0.5
15	甲醛	0.9	36	2,4-二硝基苯酚	0.093
16	乙醛	0.05	37	2,4,6-三氯苯酚	0.2
17	丙烯醛	0.1	38	五氯酚	0.009
18	三氯乙醛	0.01	39	苯胺	0.1
19	苯	0.01	40	联苯胺	0.000 2
20	甲苯	0.7	41	丙烯酰胺	0.000 5
21	乙苯	0.3	42	丙烯腈	0.1

（续）

序号	项目	标准值	序号	项目	标准值
43	邻苯二甲酸二丁酯	0.003	62	百菌清	0.01
44	邻苯二甲酸二（2-乙基己基）酯	0.008	63	甲萘威	0.05
			64	溴氰菊酯	0.02
45	水合肼	0.01	65	阿特拉津	0.003
46	四乙基铅	0.000 1	66	苯并（a）芘	2.8×10^{-6}
47	吡啶	0.2	67	甲基汞	1.0×10^{-6}
48	松节油	0.2	68	多氯联苯⑥	2.0×10^{-6}
49	苦味酸	0.5	69	微囊藻毒素-LR	0.001
50	丁基黄原酸	0.005	70	黄磷	0.003
51	活性氯	0.01	71	钼	0.07
52	滴滴涕	0.001	72	钴	1.0
53	林丹	0.002	73	铍	0.002
54	环氧七氯	0.000 2	74	硼	0.5
55	对硫磷	0.003	75	锑	0.005
56	甲基对硫磷	0.002	76	镍	0.02
57	马拉硫磷	0.05	77	钡	0.7
58	乐果	0.08	78	钒	0.05
59	敌敌畏	0.05	79	钛	0.1
60	敌百虫	0.05	80	铊	0.000 1
61	内吸磷	0.03			

注：①二甲苯指对-二甲苯、间-二甲苯、邻-二甲苯。

②三氯苯指1,2,3-三氯苯、1,2,4-三氯苯、1,3,5-三氯苯。

③四氯苯指1,2,3,4-四氯苯、1,2,3,5-四氯苯、1,2,4,5-四氯苯。

④二硝基苯指对-二硝基苯、间-二硝基苯、邻-二硝基苯。

⑤硝基氯苯指对-硝基氯苯、间-硝基氯苯、邻-硝基氯苯。

⑥多氯联苯指PCB-1016、PCB-1221、PCB-1232、PCB-1242、PCB-1248、PCB-1254、PCB-1260。

（4）风向和朝向　兔场位于居民区的下风方向，距离一般保持100m以上。既要考虑有利于卫生防疫，又要防止兔场有害气体和污水对居民区的侵害。要远离化工厂、屠宰场、制革厂、牲口市场等容易造成环境污染的地方，且避开其下风方向。注意当地的主导风向，可根据当地的气象资料和风向来考虑。另外，要注意由于当地环境还会引起局部空气温差，避开产生空气涡流的山坳和谷地。

兔场朝向应以日照和当地主导风向为依据，使兔场的长轴与夏季的主风向垂直。我国多数地区夏季盛行东南风，冬季多东北风或西北风，所以兔舍以坐北朝南较为理想，这样有利于夏季的通风和冬季获得较多的光照。

（5）交通　规模化养兔场物资采购及产品运出量较大，如草料等物资的运进、兔产品和粪肥的运出等，对外联系密切，故交通应便利。若交通不便，则会给生产和工作带来困难，甚至会增加兔场的开支。但为了防疫卫生，应距重要道路 300m 以上（如设隔墙或有天然屏障，距离可缩短至 100m 左右），距一般道路 100m 以上。

39. 如何对规模化养兔场进行规划布局？

（1）兔场布局的基本原则　兔场建筑物的布局应从人和兔的保健角度出发，以建立最佳生产联系和卫生防疫条件，合理安排不同区域的建筑物。特别是在地势和风向上进行合理布局。生活区应占全场的上风和地势较好的地段，依次为管理区和生产区。生产区建在生活区和管理区的下风和较低处，但应高于兽医室和隔离舍等，并在其上风向。

（2）兔舍的朝向、排列与间距　兔场朝向应以日照和当地主导风向为依据，使兔场的长轴与夏季的主风向垂直。我国处于北纬 20～50°之间，太阳高度角冬季小、夏季大，多数地区夏季盛行东南风，冬季多东北风或西北风。兔舍以坐北朝南较为理想，即兔舍纵轴与纬度平行。这样有利于夏季的通风和冬季获得较多的光照。但考虑到地形、通风及其他条件，可根据当地情况向东或向西偏转 15°配置。

南向兔舍，从单栋兔舍来看，自然通风与光照都比较好。但从多栋兔舍来看，兔舍长轴与主导风向垂直时，后排兔舍受到前排兔舍的阻挡，通风效果较差。根据自然通风原理，风在障碍物阻挡下将向上升，越过障碍物再回到原来的自然气流状态。其距离一般为舍高的 4～5 倍。如以舍高 3m 计，则需 12～15m，这样才能不影响后排通风。但间距太大，占地太多。若从夏季主导风向与兔舍的关系考虑，使兔舍长轴与其呈 30°～60°角，即可缩短间距 9～10m，并使每排兔舍在夏季得到最佳的通风条件。

一般而言，为保证通风与采光，同时考虑防火要求，兔舍的间距应不少于舍高的 1.5～2 倍。

（3）道路 场内道路设置，不仅关系到场内运输，也具有卫生意义。要求道路直而线路短，以保证场内各生产环节最方便的联系。

主干道因与场外运输线路连接，其宽度要保证顺利错车，为 5.5～6.0m。支干道与兔舍、饲料库、兽医建筑物、储粪场等连接，宽度一般为 2～3.5m。场内道路分净道和污道，运送饲料、兔产品的道路（净道）不能与运送粪便和污物的道路（污道）通用或交叉。兽医建筑物要有单独的道路，不与其他道路通用或交叉。

道路路面要求坚实，有一定的弧度，排水良好。道路的设置应不妨碍场内排水，道路两侧也应有排水沟，并应植树。

（4）防疫设施

①场界防疫。兔场周围要有天然防疫屏障或建筑较高的围墙，以防场外人员及其他动物进入场内。气候适宜的地区，在场界栽种阔叶树，既起到围墙和防疫屏障作用，又绿化场院、改善环境。

②门口防疫。兔场大门及各区域入口处，特别是生产区入口处，以及各兔舍门口处，应设相应的消毒设施。如车辆消毒池、人的脚踏消毒槽、喷雾消毒室、更衣换鞋间等。特别强调，车辆消毒池要有一定深度，其池长应大于轮胎周长的 2 倍。紫外线消毒杀菌灯，应强调安全时间（3～5min），仅仅穿行而过达不到安全目的。因此，紫外线消毒杀菌灯最适于工作服消毒和化验室消毒。

（5）储粪场及污水处理池 储粪场及污水处理池设在生产区的下风头，与兔舍保持 100m 的卫生间距，有围墙时可缩小至 50m。储粪场面积按存栏兔 5 000 只，兔粪储放 3 个月，堆高 0.5m 计算，约需要面积 150m²。污水处理池的容积按每只兔每天 0.002～0.003m³ 计算，一般储存期按 3 个月计算。污水处理池应尽可能防止雨水淌入，又要避免池内粪水溢出，同时远离任何水源以防污染。其深度以不受地下水的浸渍为宜，底部应做防渗处理。

（6）兔场绿化 绿化不仅可改善小气候，净化空气，而且可起到防疫和防火等良好作用。

场界周边种植乔木和灌木混合林带，场区设隔离林带，以分隔场内各区；道路两旁绿化常用树冠整齐的乔木或亚乔木。在靠近建筑物的采光地段，不应种植枝叶过密、过于高大的树种，以免影响兔舍采光。但在夏季较炎热的地区，可在兔舍周围种植枝叶开阔、生长势强、冬季落叶后枝条稀少的树种，可以有效降低夏季兔舍温度。

兔场总体布局示意图见图 2-1。

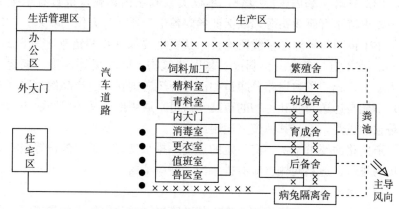

图 2-1　兔场总体布局示意图

注：□建筑物、——排污沟、●行道树、×草坪

40. 如何科学合理地规划规模化养兔场的分区？

兔场是一个完善的建筑群，按其功能及生产特点，可分为生活区、管理区、生产区、辅助区、牧草种植区。

（1）生活区　包括职工宿舍、食堂、文化娱乐场等，应单独分区设立。考虑工作方便和兽医防疫，生活区既要与生产区保持一定距离，又不能太远。

（2）管理区　包括办公室、会议室、车库、厕所、培训、饲料加工车间、饲料库、维修间、变电室、供水设施等。管理区要单独成为一个小区，应与生产区隔开，并保持一定距离。饲料原料库和加工车间应尽量靠近饲料成品库，设在兔场的一角，加工房距离生产区以 100m 为宜。

（3）生产区　生产区主要是兔养殖区域，是兔场的主要建筑区、兔场的核心。其建筑物包括繁殖兔舍、后备兔舍、育成兔舍、隔离兔舍等。优良种兔（即核心群）舍应置于环境最佳的位置，距离商品兔舍间距不少于 200m。繁殖舍要靠近育成舍，以便兔群周转，同时育成兔舍应靠近兔场一侧的出口处，以便出售种兔及商品兔。在生产区的入口处要设消毒设施。

（4）辅助区　包括兽医诊断室、病兔隔离室、尸体处理处、污水处理池等。均应设在兔场的下风向和地势较低处，与生产区保持一定的距离，以免疫病传播。

(5) 牧草种植区　远离尸体处理区和粪尿处理区。建植多年生牧草区、一年生牧草区和多年生、一年生饲草轮作区。

(二) 规模化养兔场笼舍建筑与防控

41. 规模化养兔场兔舍建筑要求有哪些?

(1) 基本要求　因地制宜,就地取材,兔舍设计符合兔的生物学特性,做到经济实用,有利于饲养管理操作。

综合考虑各种因素,力求经济实用。设计兔舍时,应综合考虑饲养规模、饲养目的、兔品种等因素,并从自身的经济承受力出发,因地制宜、因陋就简,讲求实效,注重整体合理、协调。同时,兔舍设计还应结合生产经营者的发展规划和设想,为以后的长期发展留有余地。

兔舍要做到"六防":防风、防雨、防寒、防暑、防鼠、防盗,还要做到干燥、通风、光线充足。

(2) 兔舍朝向　兔舍以南北朝向为宜。

(3) 兔舍间距　兔舍和兔舍间距一般要求 8～10m。

(4) 兔舍屋顶　屋顶要求隔热、不透水,屋面可用稻草、麦秆、石棉瓦、小青瓦制作。屋顶可设计成钟楼式,兔舍高度以 3～3.5m 为宜。

(5) 兔舍地面　兔舍地面要求平整无缝、光滑不透水,能抗消毒剂的腐蚀。一般制成水泥地面,中间高,两边略低,呈自然弧形,舍内地面应高于舍外地面 10～15cm。

(6) 兔舍的墙体　兔舍墙体是兔舍结构的主要部分,它既保证舍内必要的温度、湿度,又通过窗户等保持合适的通风和光照。根据各地气候条件和兔舍的环境要求,可采用不同厚度的墙体。墙体多用砖砌成,以空心墙最好,内墙壁用水泥抹平,墙壁粉刷石灰浆。

(7) 兔舍道路　设清洁通道和污染通道。一般建单车道,宽 3～3.5m,坡度大于 10%,道路与道路相交,一般应为正交,斜交时不能小于 45°。

(8) 兔舍的门窗　兔舍的门要求结实、保温,能防兽害,并方便人和车辆出入。一幢兔舍至少应设两个门,主门一般高 2m,宽 1.5m;侧门高 2m,宽 1m。窗户的大小可按窗户的采光面积占兔舍地面面积的 15%左右计算。窗户 1.5m×1.5m 或 1.5m×1.8m,窗台距地面高度 1m;地脚窗 30cm×40cm,安装铁丝网。

42. 规模化养兔场兔舍建筑形式有哪些?

兔舍按屋顶不同,可分单坡式、双坡式、平顶式等(图 2 - 2);按通风情况,可分为开放式、半开放式、封闭式等。

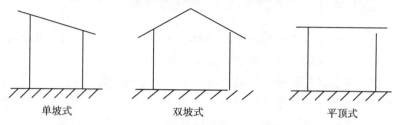

单坡式　　　　　双坡式　　　　　平顶式

图 2 - 2　按屋顶形式分类的兔舍

(1)单坡式兔舍　屋顶前高后低,只有一个坡向。跨度小,结构简单,前面敞开,后面封闭。檐口高度考虑夏季太阳照射角度。

(2)双坡式兔舍　跨度较大,房舍两侧可敞开,屋顶设置开窗带。

(3)平顶式兔舍　跨度较大,多为楼房建筑。每层楼房四周应开足窗户,安装排气扇和电风扇。还应考虑舍内中间建兔笼的采光问题。二楼以上的粪尿沟和室外通向地面通道处理要防漏水。

(4)开放式兔舍　四周无墙壁,屋梁、屋柱可用木、水泥、钢管制成,屋顶以双坡式为好。兔笼在舍内两边,中间为走道,两边为粪沟。舍内气候接近舍外气候。冬夏采取保温、防暑措施。

(5)半开放式兔舍　四周有墙,墙体开门窗,屋顶开天窗。舍内可建双列式或多列式兔笼,舍内气候靠门、窗和天窗调节。

(6)封闭式兔舍　兔舍四周完全封闭。舍内小气候完全靠安装自动控制设施调节。兔舍造价高,要求管理水平高。

43. 规模化养兔场兔笼形式以及建筑要求有哪些?

分固定式兔笼、活动式兔笼和阶梯式兔笼 3 种形式。

(1)固定式兔笼

①规格。种兔笼长 60~65cm,深度 50~55cm,高度 40~45cm;母仔笼深度、高度不变,长度可减少一半。

②高度。以 3 层为宜,总高度一般为 1.8~2m。

③笼壁。可采用砖木结构、水泥结构或铁制结构。用砖做笼壁，可砌成12砖；用水泥板预制件，笼壁可制成厚度为2~4cm。笼后壁开放式兔舍，可制成厚度为2cm的水泥板预制件；半开放式兔舍，笼后壁宜选用金属网制作，网孔直径1~1.5cm。

④笼门。可用木条、竹条、铁丝或铁丝网制作。制作规格宽度应把兔笼规格的净宽度加上1个兔笼壁厚度；高度应根据兔笼高度减去笼底板厚度1.5~2cm。以挡住笼底板不滑出为宜。

⑤笼底板。用楠竹制作最好。竹块宽度2~2.5cm，间距1~1.2cm。表面光滑。

(2) 活动式兔笼 一般为金属笼具，国内有多个厂家生产。选购安装时，应注意以下原则：

①设计合理，符合兔笼建筑规格要求。

②材料结实，做功精细。整个兔笼四周及笼底板应光滑，无毛刺，安装稳固。

③笼门设计合理，应配备草架、饲料槽和自动饮水器。

④笼底板，宜选用竹制材料，不宜选用金属网笼底板。

⑤承粪板，要配制耐用、易安装、清洗方便、防漏尿水材料。

⑥安装时，防止粪尿污染。离粪沟一定距离，接触地面支点可垫上自做的圆形的水泥砖10~20cm。承粪板要伸出笼后壁以8~10cm为宜。

(3) 阶梯式兔笼 阶梯式布置的兔笼，一般为金属笼具。上下层部分交错部分重叠，上层布置有承粪板，粪便通过倾斜的承粪板滚落到粪沟，由机械方式清粪。上层兔笼一般用于饲养商品兔或后备母兔，下层兔笼可用于饲养繁殖母兔。

44. 规模化养兔场兔笼安装要求有哪些？

(1) 单列式安装 兔舍跨度在2.5m左右，设1.2m走道1条，0.6~0.8m粪沟1条。

(2) 双列式安装 兔舍跨度4m左右，宜选用面对面式安装，中间设走道1.2m，两边设粪沟宽0.6~0.8m。

(3) 多列式安装 兔舍跨度8m左右，设1.2m走道2条，靠墙2边，中间1.5m走道1条，1m粪沟2条，两组背靠式摆放。

(4) 阶梯式安装 兔舍跨度8m左右，设1.5m走道3条，靠墙2

边各 1 条，中间 1 条，1.2m 粪沟 2 条，两组平行摆放。

兔笼具安装方式见图 2-3。

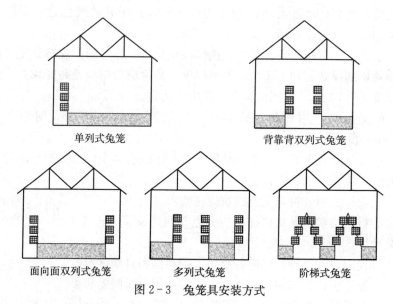

单列式兔笼　　　　背靠背双列式兔笼

面向面双列式兔笼　　多列式兔笼　　阶梯式兔笼

图 2-3　兔笼具安装方式

45. 规模化养兔场对兔舍的附属设备要求有哪些?

（1）传统养殖模式

①产仔箱。可用木板、塑料、铁皮制作。若用铁皮制作，边缘要光滑，底部要钻 5～10 个小孔。若用木料制作，厚度 1cm 即可。规格长 35～40cm，高度 10～12cm，宽度 25～28cm。

②保温柜。用三层板或 1cm 厚木板制作。长度 135cm，高度 80cm，宽度根据舍内过道预留宽度及产仔箱尺寸确定，可采用 35～80cm。

③食槽。用铝铁皮制成马蹄形，底前部为弧形，长度为 7～8cm，斜度长 2～3cm，伸出笼外部分 5～6cm，宽度 9.5cm，安装在笼门活动柱上。也可用陶土制作口径为 14cm、高度 8cm 的圆形食缸。

④饮水器。最好选用自动饮水器，以乳头式为宜。安装高度育成兔离笼底板 15cm，仔、幼兔离笼底板 10cm 处。日常检查漏水情况。也可选用陶瓷、瓦钵或罐头盒。

⑤草架。用木条、铁丝、竹片制成楔子形，以铁丝材料为宜。上口宽 12～15cm，长度 26～30cm，高度 20～25cm。间隙 1～1.5cm。

兔舍附属设备见图 2-4。

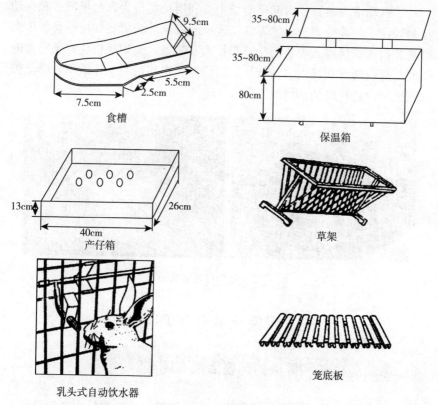

图 2-4 兔舍附属设备

（2）自动化养殖模式

①自动喂料装置。自动喂料装置适用于规模化养兔场，采用饲料供应统一调配，任意定时、定量统一供料，多个食槽门集中控制，出料量自动调节，实现自动化送料和喂料，从而降低饲养员劳动强度（图2-5）。

图 2-5 兔舍自动喂料装置

②自动清粪装置。自动化清粪主要利用动物行为、机械设备和自动控制等技术，改变清粪工艺方式。改水泡粪工艺为机械刮板清粪、传送带清粪或清粪机器人等自动化清粪技术及装备，实现规模化养兔场舍内粪便的高效清除和场内自动转运，从而有效提高清粪工作效率，降低劳动强度，改善兔舍清洁状况（图2-6）。

图2-6　兔舍自动清粪装置

（三）规模化养兔场环境防控

46. 影响兔生长和健康的环境因素有哪些?

兔的生产性能主要指生长发育、饲料消耗、繁殖产仔、产肉、产毛皮。生产性能发挥是否充分，除取决于品种的好坏、饲料营养水平的高低外，还有一个重要前提是兔的健康。所谓健康，有一个最科学又形象的解释，即把兔的机体与所在的环境比作一架天平上的两个托盘，当机体与环境之间达到完全平衡时，兔就处于健康状态；当机体与环境失去平衡，轻者影响兔各种生产性能的发挥，出现减产减收；重者打破平衡，完全丧失其生产性能，兔就会患病甚至死亡。

所谓兔的环境，是指影响兔的进化、生态和行为反应，及其生长的一切外界条件之总称。从养兔学观点来看，就是指与兔生活和生产有关的兔舍、兔笼和设备等事物所构成的整个环境。现代养兔学已把遗传、育种、营养、疾病防治和环境列为主要内容。在现代养兔生产中，环境已作为提高养兔生产力综合的有效手段之一。环境是兔进行新陈代谢的必需条件。机体的一切营养物质的消化、吸收、利用和能量转化、热能平衡以及体温调节等机能活动离不开环境。而影响兔生产的环境因素有舍内的空气、温度、气流、有害气体（如氨味）含量、粉尘、光照及噪声、病原微生物的污染等。其中，每种单个因素或综合因素（气候）都会影响兔的健康和生产力。因此，养兔想得到理想的效益回报，创造良好的环境条件十分重要。

47. 规模化养兔场适宜的环境参数有哪些?

兔的健康与生产性能无时无刻不受外界环境条件的影响，特别是规模化养兔生产，在全舍饲、高密度条件下，环境问题变得更为突出。兔科技工作者与生产者必须了解各种环境因素不适时对兔会造成什么影响，其适宜程度是在什么范围，在充分利用房舍、尽量节省物质与能量消耗的条件下，为兔创造较为理想的环境，以保证兔的健康与生产性能的提高。

（1）温度　兔因汗腺极不发达，体表又有浓密的被毛，所以对环境温度非常敏感。温度对兔的生长发育、繁殖性能、生产性能及饲料利用率等都有影响。兔适宜的环境温度，初生仔兔为 30～32℃（主要靠窝温保持），幼兔为 18～21℃，成年兔为 15～25℃。兔在适宜温度下生活，其机体的产热和代谢率都处于合理的最低水平，热能的代偿消耗最少，生产力和抗病力均较高。据国内外资料表明，一般认为成年兔的临界温度为 5～30℃，超过这个范围，将给兔带来不利影响。

（2）湿度　空气湿度是表示空气潮湿程度的物理量，指空气中含有的水汽。空气湿度常用绝对湿度和相对湿度表示。绝对湿度是指单位体积空气中所含水汽的质量，用 g/m^3 表示，绝对湿度直接表示空气中水汽的绝对含量。相对湿度是指空气中实际水汽压与同温度下饱和水汽压之比，用百分率表示。在养兔生产中，普遍采用相对湿度来衡量空气的潮湿与干燥程度。相对湿度百分率越高，表明空气的湿度越大。

湿度往往伴随着温度对兔产生影响。高温高湿和低温高湿对兔都有不良的影响。高温高湿的环境使兔体热散放十分困难，容易发生热射病。此外，在高温高湿条件下，兔的皮肤由于水分难以蒸发而湿润、肿胀，皮孔、毛孔变窄而被阻塞，皮肤抵抗力降低，加之潮湿环境特别有利于真菌、细菌和寄生虫发育。因此，兔易患疥癣、脱毛癣、湿疹等皮肤疾病。低温高湿的环境又会增加散热，并使兔有冷的感觉，特别是仔兔和幼兔更难以忍受。此外，在低温高湿的条件下，兔易患呼吸道疾病，如感冒、咳嗽、气管炎及风湿病等疾病。而在温度适宜但又潮湿的情况下，有利于细菌、寄生虫的繁殖，导致兔发生疾病，还会使空气中有害气体增加。因此，兔舍冬季供暖可缓解高湿度的不良影响，加强通风也是将多余湿气排出的有效途径。

兔适宜的相对湿度为 60%～65%。如兔舍内相对湿度低于 55%时，会引起兔呼吸道黏膜干裂、细菌病毒感染等。

高温高湿和低温高湿环境对兔有百害而无一利，既不利于夏季散热，也不利于冬季保温，还容易感染体内外寄生虫病等。据生产实践表明，空气湿度过大，常会导致笼舍潮湿不堪，污染被毛，影响兔毛品质；有利于细菌、寄生虫繁殖，引起疥癣、湿疹蔓延。反之，兔舍空气过于干燥，长期湿度过低，同样可导致被毛粗糙，兔毛品质下降；引起呼吸道黏膜干裂，而招致细菌、病毒感染等。鉴于上述情况，兔舍内湿度应尽量保持稳定。兔排出的粪尿、呼出的水蒸气、冲洗地面的水分是导致兔舍湿度升高的主要原因。为降低舍内的湿度，可以加强通风，或撒生石灰、草木灰等，阴雨潮湿季节舍内清扫时尽量少用水冲洗。

（3）气流速度　气流的产生由温差而引起，低温空气分子密度大、压力高；高温空气分子密度小、压力低。于是，低温压力高的空气就向高温压力低的位置流动，便产生了气流。气流的速度以每秒流经的距离表示，单位为 m/s。

兔舍中的气流，因启闭门窗、通风、换气、墙壁裂缝、兔呼吸和热量排放以及管理活动等引起。保温性能好的密闭兔舍，冬季气流速度一般不超过 0.25m/s。保温性能差的兔舍，气流速度可达 0.6m/s 以上。冬季，低温气流会增加兔体的散热量，使饲料消耗增多，甚至影响生产力。特别应注意防止低温高速度的气流，因为这种气流使机体局部变冷，而不能使兔体及时产生相应的反应和调节，往往容易造成兔感冒、肺炎、肌肉炎和关节炎等病患。夏季，气流有利于兔对流和蒸发散热，改善兔舍的环境条件，对兔有良好的作用。如当气温由 23.7℃上升到 28.2℃时，兔的呼吸频率由 66 次/min 增加到 91 次/min，皮温由 27℃升高到 30.1℃。可见，气温升高使兔的呼吸频率和皮温增加，此时若加大风速，情况即起相反变化。风速由 0.15m/s 增加到 0.24m/s，呼吸次数则由 118 次/min 减少到 91 次/min，皮温由 32.5℃下降到 29.1℃。可见，在环境温度一定的条件下，加大气流速度可以降低呼吸频率和皮温，促进兔体的对流和蒸发散热，缓解夏季高温对兔的影响。

成年兔由于被毛浓密，对低温有一定的抵抗力，但对仔兔要注意冷风的袭击。一般要求兔舍内的气流速度不得超过 0.5m/s，夏季以 0.4m/s、冬季以不超过 0.2m/s 为较适宜。兔舍内在任何季节都要有一定的气流速度，并均匀地流经全舍，没有死角也无贼风。通常可以通过观察蜡烛火焰的倾斜情况来确定气流速度，倾斜 30°时，气流速度 0.1～0.3m/s；倾斜 60°时，气流速度 0.3～0.8m/s；倾斜 90°时，气流速度超过 1m/s。

加强通风是促进空气流动、调节兔舍温湿度的好方法。通风还可排除兔舍内的污浊气体、灰尘和过多的水气，能有效地降低呼吸道疾病的发病率。通风方式一般可分为自然通风和机械通风两种。小型场常用自然通风方式，利用门窗的空气对流或屋顶的排气孔和进气孔进行调节。大中型兔场常采用抽气式或送气式的机械通风，这种方式多用于炎热的夏季，是自然通风的辅助形式。

（4）空气成分　大气成分相当稳定，含有氮 78.09%、氧 20.95%、二氧化碳 0.03%、氨 0.001 2%。另外，还有一些惰性气体与臭氧等。但兔舍内空气成分会因通风状况、兔数量与密度、舍温及微生物数量与作用等而起变化。特别是在通风不良时，易于使兔舍中有害气体浓度升高。

①兔舍中有害气体。兔舍中有害气体主要有氨、硫化氢和二氧化碳等。兔对氨特别敏感，未及时清除的兔粪尿，在潮湿温暖的环境中，可分解产生氨等有害气体。兔舍温度越高，饲养密度越大，有害气体浓度越大。兔对空气成分比对湿度更为敏感，如氨浓度超过 $20～30cm^3/m^3$ 时，常常诱发各种呼吸道疾病、眼病，生长缓慢，尤其可引起巴氏杆菌病蔓延；当空气中含氨 $50cm^3/m^3$ 时，兔呼吸频率减慢，流泪和鼻塞；当空气中含氨 $100cm^3/m^3$ 时，会使眼泪、鼻涕和口涎显著增多。

兔对二氧化碳的耐受力比其他家畜低得多。有研究表明，当空气中的二氧化碳含量增加到 50%时能引起一般家畜死亡，而兔舍内其含量达到 25%时，就会出现兔死亡。

兔舍内有害气体的浓度标准为：氨（NH_3）$<30cm^3/m^3$；二氧化碳（CO_2）$<3\ 500cm^3/m^3$；硫化氢（H_2S）$<10cm^3/m^3$，一氧化碳（CO）$<24cm^3/m^3$。

②空气中灰尘与微生物。空气中灰尘主要有风吹起的干燥尘土和饲养管理工作中产生的大量灰尘，如打扫地面、翻动垫草、饲喂饲料及被毛和皮肤的碎屑，直径 $0.1～10\mu m$。空气中灰尘含量因通风状况、舍内温度、地面条件、饲料形式等而变化。灰尘对兔的健康和毛皮品质有

着直接影响。灰尘降落到兔体体表，可与皮脂腺分泌物、兔毛、皮屑等黏混一起而妨碍皮肤的正常代谢，影响毛皮品质；灰尘吸入体内还可引起呼吸道疾病，如肺炎、支气管炎等；灰尘还可吸附空气中的水汽、有毒气体和有害微生物，产生各种过敏反应，甚至感染多种传染性疾病。

兔舍空气中微生物含量与灰尘含量高度相关，许多细菌不是形成灰尘微粒的核，而是由灰尘所载。空气中微生物主要是大肠杆菌以及一些霉菌等，在某些情况下，也载有兔瘟病毒等。兔舍空气中微生物浓度与灰尘浓度趋势一致，也受舍内温度、湿度和紫外线照射的影响。为了减少兔舍中灰尘与微生物的含量，应尽量避免用土地面，防止舍内过分干燥，同时适当通风。

（5）光照 光照对兔的生理机能有着重要调节作用。光照分人工光照和自然光照，前者指用各种灯光，后者一般指日照。用开放式兔舍和半开放式兔舍养兔时，宜充分利用阳光的作用。阳光照射可提高兔体新陈代谢，增进食欲，使红细胞和血红蛋白含量有所增加。阳光照射还可以使兔表皮里的 7-脱氢胆固醇转变为维生素 D_3，促进兔体内的钙磷代谢。阳光能够杀菌，并可使兔舍干燥，有助于预防兔病。在寒冷季节，阳光还有助于提高舍温。

兔对光照的反应远没有对温度及有害气体敏感，有关光照对兔体的影响研究也较少。生产实践表明，光照对生长兔的日增重和饲料报酬影响较小，但对兔的繁殖性能和肥育效果影响较大。据试验，繁殖母兔每天光照 14～16h，可获得最佳繁殖效果，每只成年母兔的断奶仔兔数，接受人工光照的要比自然光照的高 8%～10%。而公兔害怕长时间光照，如每天给公兔光照 16h，可引起公兔睾丸体积缩小，重量减轻，精子数减少。因此，公兔每天光照以 8～12h 为宜。另据试验，如每天连续 24h 光照，则可引起兔繁殖功能紊乱。仔兔和幼兔需要光照较少，尤其仔兔，一般每天 8h 弱光即可。肥育兔每天光照 8h。但据法国报道，肥育兔舍除操作以外，应保持黑暗，以适应饲养员的工作为准。

封闭式兔舍全靠人工光照，普通兔舍兼有日光照射，两者比较，以封闭兔舍兔生产更稳定。一般给兔每天光照不宜超过 16h。

光照度以约 20lx 为宜，但繁殖母兔需要强度大些，可用 20～30lx，肥育兔为 8lx。

目前，小型兔场一般采用自然光照，兔舍门窗的采光面积应占地面的 15% 左右，但要避免太阳光的直接照射，光线入射角不低于 30°。窗户下缘距地面高度一般为 80～100cm，在下缘高度一定的条件下，要达到入射角 30°的设计要求，只有加高窗户上缘高度，以利于采光。窗户与窗户的间距宜小，以保证舍内采光的均匀性；大中型兔场，尤其是集约化兔场多采用人工光照或人工补充光照，光源以白炽灯光为好，每平方米地面 2.4~4W，灯高一般离地面 2~2.5m。

（6）噪声　兔胆小怕惊，突然的噪声可引起妊娠母兔流产或胚胎死亡数增加，哺乳母兔拒绝哺乳，甚至残食仔兔等严重后果。噪声的来源主要有 3 个方面：一是外界传入的声音；二是舍内机械、操作产生的声音；三是兔自身产生的采食、走动和争斗声音。兔如遇突然的噪声就会惊慌失措、乱蹦乱跳、蹬足嘶叫，导致食欲不振甚至死亡等。

据报道，噪声对动物的听觉、大脑、垂体、肝脏、肾脏、甲状腺、肾上腺、生殖器官、循环系统、消化功能以及生长、行为、共济能力等都有不良影响。因此，兴建兔舍时一定要远离高噪声区，如公路、铁路、工矿企业等，尽量保持舍内安静。兔的噪声标准常参考人的标准，即不超过 85dB。

（7）绿化　绿化具有明显的调温调湿作用，还有净化空气、防风防沙、美化环境等重要意义。特别是阔叶树，夏天能遮阳，冬天能挡风，具有改善兔舍小气候的重要作用。

生产实践证明，绿化工作搞得好的兔场，夏天可降温 3~5℃，相对湿度可提高 20%~50%。种植草地可使空气中的灰尘量减少 5%左右。因此，兔场四周应尽可能种植防护林带，场内也应大量植树，一切空地均应种植作物、牧草或绿化草地。

48. 如何对规模化养兔场兔舍温度、湿度、有害气体、光照进行控制？

（1）温度控制

①兔舍保温与隔热。保温是指在寒冷情况下，设法将兔本身产生的热及由空调、暖气等外源供给的热保留下来，以保持兔温暖的生活环境。隔热是指在炎热的情况下，设法用空调、凉棚等隔绝太阳辐射热以阻止传入兔舍内，防止舍内气温升高，以创造凉爽的环境。

科学地选择建筑材料和确定适宜的墙体厚度是兔舍温度控制的途径之一，建筑材料不同，其导热性不同。导热性小的材料，导热系数小，保温性好；导热性大的材料，导热系数大，保温性差。同一种材料的导热性能，因其单位体积重量即容重的差异而不同。材料轻，孔隙多，孔内充满空气，空气导热性极小。这正是建筑屋顶、隔墙可以加入珍珠岩、炉灰、锯末等以达到保温的原因。因此，必须因地制宜地选材和确定墙体厚度，使兔舍具有良好的保温隔热性能。

建好舍顶是温度控制的另一个重要途径，兔舍内的热量主要是经屋顶或顶棚、通风换气、墙壁、地面、门窗而散失。其中，由于屋顶面积大以及热空气密度小，紧靠屋顶，屋顶散热较快。所以，屋顶不仅起到挡风、遮雨、遮阳的作用，在寒冷地区主要还有保温隔热作用。所以，建造兔舍的屋顶要选好材料，确定适宜厚度，铺设保温层。为了节省开支，还可采用草屋顶、铺锯末或炉灰，或采用芦苇顶、秸秆加抹草泥。在屋顶下加装顶棚，使其两者间形成一个稳定的空气缓冲层，将更加减少舍内热量的散失。

有人通过降低舍顶高度来达到保温的目的，虽有作用，但舍顶高度不可过低，尤其在饲养密度较大时，更应注意；否则，不利于通风换气。一般兔舍顶高以不低于 2.5m 为宜。

兔舍墙体应选用导热性小的建筑材料，以提高其保温性能，并使墙体不透空气和水汽。目前，我国建造兔舍时多用砖砌墙。砖的来源广，保温性较好，还可防兽害，较为理想。在我国，北方寒冷地区为了保温，南方为了隔热，均可适当加厚墙体。经济较发达的国家有用新型保温材料并采用新工艺制墙的，如将波形铝板-防水板-聚乙烯膜组合建墙，或在铝板间填充玻璃纤维保温层，其保温隔热效果均十分理想，但造价较高。

不同地区修建兔舍时门窗的设置有所不同，在寒冷地区的兔舍北侧、西侧应少设门窗，最好安双层窗，门窗要密合，并选保温轻质门窗。最好不用钢窗，因为钢窗传热快，不耐腐蚀。在炎热地区，应南北设窗，并加大面积，以利于通风。

此外，应注意建好地面，地面应具有隔热、保温及耐冲刷、防潮、易干燥等功能。室内养兔多采用笼养，需要用大量水冲刷笼具。因此，既要考虑地面的保温隔热，又要考虑地面的耐冲刷防潮、不透水、易于干燥、易消毒。所以，兔舍地面多采用水泥地面。

②兔舍温度控制。兔场一般情况不需供暖，而靠兔体散热和兔舍隔热来保温，对兔舍温度的控制主要是通过调节通风量来实现的。

兔体不断地向外界散发热量。在舍温较低的环境里，其产热大部分是以辐射与对流的方式散发出去，特别是在保温性能良好的兔舍，饲养密度大，产热多，易聚温，可以使兔舍内保持较高的温度。因此，在冬季为了控制舍温不致过低，尽量减少通风量到最低的允许限度，以便兔体产生的热量得以保存下来。夏季则加大通风量，尽量控制不使舍温过高。但当气温达 32℃ 以上时，即使加大通风量，也难以达到有效的降温目的。有条件时，可在兔舍内安装空气冷却设备，使空气降温。也可在兔舍前植树，达到防暑降温的目的。据观察，气温为 33℃ 时，大树下的兔舍内仍凉爽舒适，而无树遮阳的，却燥热不堪。

兔舍通风方式有自然通风和动力通风两种。半开放式兔舍采用自然通风，为保证自然通风畅通，兔舍不宜过宽，以不大于 8m 为宜，空气入口除气候炎热地区应低些外，一般要高些，配置在舍内各边对称的位置，排气口面积为舍内地面面积的 2‰～3‰，进气口为 3‰～5‰，每平方米饲养活重不超过 25～30kg。屋顶的坡度不低于 25°或 30°，以使空气得以合理流通。而机械化、自动化程度高的密闭式兔舍，则采用动力通风。动力通风多采用鼓风机进行正压或负压通风。正压通风是将新鲜空气吸入，将舍内原有空气压向排气孔排出。负压通风是将鼓风机安在兔舍两侧或前后墙，将舍内空气抽出，是目前较多用的方法，投入较少，舍内气流速度慢，又能排除有害气体，由于进入的冷空气需先经过舍内空间再与兔体接触，避免了直接刺激，但易交叉感染。为了达到准确的控制温度，鼓风机的风量可以小一些而台数要多一些，可以将风机分为几组，按照不同的气温开动不同组数的风机。先进的通风装置是用热敏元件等控制的无极变速风机，通过感应温度的高低以改变电压使风机随舍温的高低而改变转速，舍温越高，转速越快，通风量越大。

用调节通风量来控制舍内温度，必然会同时引起舍内相对湿度与有害气体的浓度发生相应的变化。这在夏季完全是协调的，而在冬季容易产生矛盾。如何维持尽可能高的舍温，而又不至于使舍内湿度过大或有害气体浓度偏高，这是设计通风所必须注意的问题。为此，在测定不同季节、不同通风量的同时，也须测定舍内相对湿度与氨的浓度等，以制订出适宜的通风方案。

（2）湿度控制　由于过高的湿度会对兔带来比较大的危害，在生产过程中，面对湿度过大的环境条件，可以采取以下措施使兔舍内保持干燥：

①严格控制用水。尽量不要用水冲洗兔舍内的地面和兔笼。地面最好用水泥制成，并且在水泥层的下面再铺一层防水材料，如塑料薄膜等。这样可以有效地防止地下的水汽蒸发到兔舍内。兔的自动饮水器要固定好，防止兔损坏或弄湿兔舍和兔笼。

②坚持勤打扫。每天要及时将兔粪尿清除出兔舍，最好每天打扫两次。笼下的承粪板和舍内的排粪沟，要有一定的坡度，便于粪尿流下，尽量不让粪尿积存在兔舍内。

③保持良好的通风。兔每小时所需的空气量，按其体重计算，每千克活重为 2～8m³；根据不同的天气和季节情况，空气的流速要求 0.15～0.5m/s。兔舍的通风要根据舍内的空气新鲜程度灵活掌握。如果兔舍内湿度大、氨气浓时，要加快空气流通，以保持兔舍内空气新鲜。

④根据天气情况开关门窗。当舍内温度高、湿度大、闷气时，要多开门窗通风；天气冷、下大雨、刮大风时，要关好门窗，防止凉风、雨水侵入舍内。此外，在冬季通风时，要注意舍内的温度，最好在外界气温较高时通风。

⑤撒吸湿性物质。在梅雨季节或连日下雨，空气的湿度很大。当采用以上措施效果不明显时，可在兔舍内地面上撒干草木灰或生石灰等吸湿。在撒之前，事先要把门窗关好，防止室外的湿气进入舍内。

（3）有害气体控制　通风是控制有害气体的关键措施。兔舍更换空气的要求是每小时更换 2～3m³ 的空气。开放式兔舍夏季可打开门窗自然通风，也可在兔舍内安装吊扇或水帘空调进行通风，冬季靠通风装置加强换气；密闭式兔舍完全靠通风装置换气，但应根据兔场所在地区的气候、季节、饲养密度等严格控制通风量和风速。兔对氨特别敏感，如有条件可使用控氨仪来控制通风装置进行通风换气。这种控氨仪有一个对氨气浓度特别敏感的探头，当氨气浓度超标时会发出信号。如舍内氨的浓度超过 30cm³/m³ 时，通风装置即自行开动。有的控氨仪与控温仪连接，使舍内氨的浓度在不超过允许水平时，保持较适宜的温度范围。此外，在控制有害气体时，尚需及时清除粪尿，减少舍内水管、饮水器漏水，经常保持兔舍、兔笼底板、承粪板和地面等的清洁干燥。

（4）光照控制　开放式兔舍一般采用自然光照，要求兔舍门窗的采光面积应占地面面积的 15% 左右，阳光入射角不低于 25°～30°。在短日照季节，还可以人工补充光照。

密闭式兔舍完全采用人工光照。光照时间和光照度全由人工控制。光照时间的控制比较简单，只需按时开关灯即可。控制光照度一般有两种方法：一是安装较多的功率相同的灯泡，开关分为两组，一组控制单数灯泡，一组控制双数灯泡，需要光照度大时两组同时开，需要光照度小时只开一组开关；二是灯泡数量按能使舍内光线比较均匀的要求设置，需要光照度大时装上功率大的灯泡，平时装上功率小的灯泡。后一种方法使用较多。

给兔供光多采用白炽灯或日光灯，以白炽灯供光为佳。既提供了必要的光照度，又耗电较少，但安装投入较高。

49. 如何对规模化养兔场舍外病原体进行控制?

通过兔场建筑合理的设计与布局，以及良好设施配备的安装，可以有效防止兔舍外的有害病原进入兔群。对建立在密度较大的养殖地区，或者附近的兔场发生过严重传染病，或者离居民区很近，宜安装空气过滤装置，即在所有的进气孔口设过滤器，以防止空气中尘埃微粒流入舍内。如过滤器上再加上消毒剂，消灭附属于网眼上的病原体，则效果更好。

在使用过滤器时，不应使规定的通风量受到影响。同时，要定期检查，在过滤器网眼被尘埃微粒堵塞之前，即予以替换。

安装空气过滤装置的同时，要求进入兔舍的人员与设备必须进行更为严格的消毒。

50. 规模化养兔场兔舍和笼具消毒要求有哪些?

(1) 物理消毒

①清扫洗刷。每天按照兔饲养日程，及时洗刷笼具，清扫排除兔粪尿、污物。可清除大量病原微生物及其赖以生存的物质基础。

②日光暴晒。兔用产仔箱、垫草、笼底板、食槽等用具清洗后，阳光下暴晒 2~3h 或更长时间，可杀灭大部分普通病原菌。

③紫外线消毒。主要用于兔舍入口通道消毒。人进入场区前，停留 5~10min，可杀灭人体大量病菌。

④火焰消毒。火焰，尤其是喷灯火焰，温度可达 400~600℃，对兔笼和部分笼具消毒效果好，但要注意防火。

⑤蒸煮消毒。兔舍医疗器械、工作服等，蒸煮 30min 可杀灭一般的病原微生物。

(2) 化学消毒　适用于兔舍墙体、地面、笼具、排泄物、舍内空气、兔体表等的消毒。通常选用合适的消毒剂，采用喷洒、浸泡、熏蒸等。

51. 规模化养兔场粪污对生态环境的污染有哪些?

畜禽养殖产生的污染已成为我国农村地区面源污染的主要来源,规模化畜禽养殖业污染呈现三大突出问题:一是粪便排放量大;二是畜禽污染物波及面广且危害大,畜禽粪便的 COD 排放量已经远远超过工业与生活污水排放量之和;三是呈现较为严重的生态压力。

畜禽粪便对环境与人类的危害主要有水体污染、大气污染、传播病菌和危害农田生态环境等。畜禽粪便中含有大量的病原菌和有害微生物。目前,已知全世界有人畜共患病 250 多种,我国有 120 多种,其传播途径主要是通过患病动物的排泄物、废水等污染物。规模化养殖存在环境卫生不足的问题,其畜禽粪尿中含有大量的寄生虫和病原菌等,对土壤、作物有着潜在的威胁。畜禽粪便的污染有 25%～30% 能直接或间接进入人体。

相对于猪、鸡、牛、羊等畜禽,兔因其排泄量小、总体养殖规模小,兔场对环境污染的报道相对很少。但随着规模化、集约化兔场的不断发展和兔区域养殖规模不断增大,兔粪对环境的污染也不容小视。根据许俊香等统计,1 只兔饲养期内粪便排泄量为 28.8kg,按 2010 年我国兔年出栏 4.65 亿只,则产生粪便 1 339.2 万 t。可见,兔粪如果没有合理有效的处理方法,势必对环境造成较大的污染。

52. 规模化养兔场解决粪污的主要途径有哪些?

环境保护部 2001 年发布了《畜禽养殖污染防治管理办法》,指出畜禽养殖污染防治实行综合利用优先,资源化、无害化、减量化的原则,采取将畜禽养殖废弃物进行还田、生产沼气、制造有机肥料、制造再生饲料等方法进行综合利用。

焚烧、填埋、干燥(主要用于鸡粪)等是世界各国处理有机固体废弃物的传统方式,但这些处理方式不仅费用昂贵、浪费资源,且会对环境造成二次污染,已逐渐被禁止使用。目前,将畜禽粪便进行堆肥化处理是有效利用畜禽资源的主要方式之一。通过堆肥处理,新鲜粪便中的有机物趋于稳定,病原菌和野草籽被杀灭,从而变成了环境友好的有机肥料。

兔粪是一种高效优质的有机肥料原料,一只成年兔每年可积肥约

100kg，10 只成年兔的粪肥相当于一头猪的积肥量。兔粪中的氮、磷、钾含量高于其他家畜，其中氮含量是鸡粪的 1.53 倍、羊粪的 3.29 倍、猪粪的 3.83 倍，磷含量是鸡粪的 2.88 倍、羊粪的 4.6 倍、猪粪的 5.75 倍，钾含量是鸡粪的 1.6 倍、羊粪的 2.67 倍、猪粪的 2 倍，每吨兔粪相当于硫酸铵 108.5kg、过磷酸钙 100.9kg、硫酸钾 17.85kg。利用兔粪堆肥既可解决兔场粪污处理，又可提供优质有机肥料，缓解我国目前有机肥料不足的问题。

53. 规模化养兔场粪尿的综合利用技术有哪些？

（1）沼气发酵　在常年养兔情况下，饲养 20 只种兔规模的兔场，沼气池容量以 10m³ 为宜。随兔场规模增大，沼气池容量相应增大。沼气池的修建需由持国家沼气生产工职业资格证书的专业施工人员指导修建，无资格证的不得从事沼气池的修建。

兔粪尿在沼气池进行厌氧发酵，经过微生物发酵作用，能产生大量的甲烷混合气体，可用于兔场照明、烧水、煮饭等，发酵后的沼液和沼渣含有较丰富的营养物质，可用作肥料和饲料。

沼气的主要成分有甲烷和二氧化碳，同时还含有少量的一氧化碳和硫化氢等气体。因为其具有可燃性、可爆炸性、可窒息性，所以加强日常安全管理十分重要。养殖户用兔粪生产沼气时，首先要建好沼气池。建好的沼气池要保证不漏气、不漏水。其次是投料，用兔粪做发酵原料时，要加入一定量的水，同时要在池内加入高于 20%～30% 的接种物，封好盖，4～7d，pH 在 7～8 就会产沼气，排放两次杂气后就可以使用。但是，在粪坑内放置时间过长的粪不可再投入沼气池使用，如果投入，或是产气慢或是不产气。在加接种物时，一定要找发酵很好的池子里的沼液，不可用还没有发酵好的沼液。再次，加强管理。勤进料、勤出料。沼气池发酵 20d 后，开始加入新粪，8m³ 沼气池每天应进 20kg 的新鲜兔粪便。进多少、出多少，禁止大出料，以免影响产气。加强日常搅拌，可每天利用抽渣活塞或木棒搅动料液 10min 以上，促进发酵，提高产气率。经常观测压力变化情况，当沼气压力达到 9kPa 以上时，应及时用气或放气，以免压力过大损坏压力表和池体。经常检查各接口、管路，用具是否密封、损坏、老化、堵塞，发现问题及时检修。加强越冬管理，入冬前应在池外加盖保温膜，确保冬季正常产气。最后，使用。启动初期所产气体为废气，不能燃烧，应排放废气 7d，每天排放 30min 以上。使用灯、灶具前，应认真阅读使用说明，规范操作。日常注意及时清理灯、灶具上的杂物，保持清洁。

（2）通过堆肥生产有机肥料

①兔粪堆肥的目的。堆肥是指在人工控制下，在一定的水分、C/N 和通风条件下通过微生物的发酵作用，将废弃有机物转变为肥料的过程。通过堆肥化过程，有机物由不稳定状态转变为稳定的腐殖质，其堆肥产品不含病原菌，不含杂草种子，而且无臭无蝇，可以安全地处理和保存，是一种良好的土壤改良剂和有机肥料。兔粪堆肥即利用兔粪或兔粪和其他辅料进行配合调节水分至 50%～60%、C/N 为 25～35，在通风条件下进行微生物发酵，通过高温杀灭兔粪和辅料中的病原菌及野草籽。同时，通过微生物的发酵使堆料中有机物转变成稳定的腐殖质，变成有利于作物吸收和利用的环境友好型有机肥料。

②兔粪堆肥的原料选择。通过试验表明，兔粪本身的 C/N 决定了兔粪可以单独进行堆肥，但要注意调节兔粪的水分至适当水平。在生产中也可适当加入其他辅料进行配合，如在兔粪中加入粉碎稻草、米糠、麦麸、锯末面、菌渣等进行堆肥。试验表明，兔粪与辅料的比例分别为 7.5∶1、3∶1、2.5∶1、4∶1、2.6∶1 左右时均能正常发酵。但在生产中，需根据使用的兔粪和辅料的水分含量而进行调整。另外，不同地区的兔粪和辅料的 C/N 可能有所不同，规模化养兔场进行兔粪堆肥应对原辅料的水分和 C/N 进行测定，再确定具体配合比例。

③兔粪堆肥方式。兔粪堆肥方式视处理规模而定，对于农户而言，可采用小堆体堆肥方式。具体方法是，将配比混合好的兔粪和辅料每堆 300～500kg，堆在孔径约为 0.5mm 纱网上，纱网离地面高约 10cm，堆成近似半球形或锥形的堆体。堆体高度 1～1.5m，直径 1～1.5m。整个堆制过程 40～60d，由于堆体较小，并且底部可以通风进气，所以中途不用进行翻堆。但应注意防雨，有条件的可在室内或大棚内进行堆肥。

对于规模养殖户或养殖场而言，可采用条垛式堆肥。具体方法是，将配比混合好的兔粪和辅料堆制成长条状堆体，截面为梯形或三角形，底部宽约 1.5m，高 1～1.5m，堆体长度视原料多少而定。发酵过程中，根据温度情况进行人工翻堆或者采用堆肥专用翻堆机翻堆以便提供氧气和控制温度。堆肥化过程中，堆体温度应控制在 45～65℃。一般水分和 C/N 调节得适宜的堆体在堆制第 2d 温度即可上升至 50℃以上，在温度超过 65℃后即可进行翻堆。温度降至 45℃以下后，再进行 2～3 次翻堆即可让堆体静置进入二次堆肥阶段，也叫后熟或陈化阶段。

④影响兔粪堆肥效果的主要因素。影响兔粪堆肥效果的因素主要有4个，即水分、C/N、温度、通风供氧。

水分：堆肥过程中，水分是一个重要的因素。水分在堆肥过程中的主要作用是：溶解有机物，参与微生物的新陈代谢；可以调节堆肥温度，如堆肥温度过高，通过水分蒸发可以带走大量热量，使温度降下来。水分过高或过低对兔粪堆肥效果来说都不好，水分过高会堵塞堆料中的孔隙，影响通风，导致厌氧发酵，减慢降解速度，从而影响堆制的进程和产品的质量；水分过低，则不利于微生物生长繁殖，使微生物脱水死亡，影响堆肥速度。原料适宜的水分含量为50%~60%。

C/N：就微生物对营养的需要而言，较适宜的C/N为25左右。C/N过高或过低都不利于微生物繁殖，影响微生物活动和有机物分解，合理地调节堆肥原料中的C/N是加速堆肥腐熟、提高腐殖化系数的有效途径。兔粪的C/N符合堆肥C/N要求，如果生产中采用粪尿分离，收集的兔粪水分在60%左右，可直接用于堆肥。

温度：温度是堆肥能否顺利完成的重要因素。它制约着微生物的活性及有机质的分解速度，直接影响堆肥的腐殖化程度。堆体温度在55℃条件下保持3d，或50℃以上保持5~7d，是杀灭堆肥中所含致病菌、保证堆肥的卫生指标合格和堆肥腐熟的重要条件。堆体温度的高低受通风量和堆体含氧量的影响。有资料表明，堆肥过程中，堆体温度应控制在45~65℃，但在55~60℃时比较好，不宜超过60℃。由于堆肥是个放热过程，在高温阶段，温度可达75~80℃。温度过高会影响大部分微生物的生长繁殖，微生物会大量死亡或进入休眠状态。因此，常采用调整通风量的办法来控制温度。

通风供氧：通风供氧是高温堆肥成功的关键因素之一。通风是供氧的主要方式，通风供氧的速度决定着堆肥物质的转化速率。通风量影响微生物活性及有机物的分解速度。通风可通过调节混合物料的孔隙率和通气量实现，通气量可通过调节风机选型（强制通风工艺）、翻堆频率（翻堆工艺）或堆体与空气的接触面积（适用于小农户堆制小堆体被动通风工艺）来达到。而孔隙率跟调理剂的粒度密切相关，当调理剂的粒度大，则堆体的孔隙率大；反之，则小。堆肥中常用的调理剂有稻草、稻壳、米糠、菌渣、锯末面等。未经粪尿分离的新鲜兔粪，因为被兔尿和水浸泡含水率很高，调理剂不但可以改善堆料的孔隙率，还能起到调节物料湿度的作用。

⑤兔粪堆肥腐熟参考依据。

表观特征：经过高温堆肥发酵后，兔粪堆体呈棕褐色且无臭味，不再吸引蚊蝇，堆肥产品呈现疏松的团粒结构。

温度变化：堆肥的温度变化是反映发酵是否正常最直接、最敏感的指标，高温期维持 5d 以上，即能达到粪便无害化卫生标准的要求。

C/N、大肠杆菌以及种子发芽指数的变化：C/N 降至 20 左右，大肠杆菌数量在 100CFU/g 以下，种子发芽指数在 0.8 以上，即达到完全腐熟的标准。在生产实践中，这几项指标只有通过实验室检测才能确定。但据试验表明，经过 22d 的一次发酵，C/N 基本降至 20 左右，大肠杆菌数量能达到 100CFU/g 以下的标准，种子发芽指数则要 37d 以后才能达到 0.8 以上。因此，在生产上基本可根据表观特征和温度加上发酵时间来进行大体判断。

54. 规模化养兔场对病死兔无害化处理的主要方式有哪些?

病死兔的无害化处理要严格按照《病死及死因不明动物处置办法》和《病害动物和病害动物产品生物安全处理规程》这两个规范进行操作。现阶段，在病死兔无害化处理中，应用较多、较成熟的技术主要包括深埋法、焚烧法、化尸窖处理法、化制法、生物降解法等处理方法。

（1）深埋法 深埋法是指通过用掩埋的方法将病死兔尸体及相关物品进行处理，利用土壤的自净作用使其无害化。具体操作过程主要包括装运、掩埋点的选址、坑体、挖掘、掩埋。深埋法是处理病死兔尸体的一种常用、可靠、简便易行的方法。

深埋法费用低且不易产生气味，但埋尸坑易成为病原的储藏地，并有可能污染地下水。因此，必须深埋，而且要有良好的排水系统。在发生疫情时，为迅速控制与扑灭疫情，防止疫情传播扩散，或一次性处理病死动物数量较大，最好采用深埋法。

（2）焚烧法 焚烧法是指将病死的兔堆放在足够的燃料物上或放在焚烧炉中，确保获得最大的燃烧火焰，在最短的时间内实现兔尸体完全燃烧碳化，达到无害化的目的。并尽量减少新的污染物质产生，避免造成二次污染。工艺流程主要包括焚烧、排放物（烟气、粉尘）、污水等处理。焚化可采用的方法有柴堆火化、焚化炉和焚烧窖（坑）等。

焚烧法是一种传统的处理方式，是杀灭病原最可靠的方法。可用专用的焚尸炉焚烧病死兔尸体，也可利用供热的锅炉焚烧。但近年来，许多地区制定了防止大气污染的条例或法规，限制焚烧炉的使用。

（3）**化尸窖处理法** 化尸窖，又称密闭沉尸井，是指按照《畜禽养殖业污染防治技术规范》要求，地面挖坑后，采用砖和混凝土结构施工建设的密封池。化尸窖处理法，即以适量容积的化尸窖沉积动物尸体，让其自然腐烂降解的方法。

一般建于下风口，操作简便易行，省工省时。在处理过程中，添加的化尸菌剂能快速分解畜禽尸体、杀灭除芽孢菌以外的所有病原体、消除臭味，大幅度提高了化尸窖使用效率，检修与清理方便。

（4）**化制法** 化制法是指将病死兔尸体投入水解反应罐中，在高温、高压等条件作用下，将病死兔尸体消解转化为无菌水溶液（以氨基酸为主）和干物质骨渣，同时将所有病原微生物彻底杀灭的过程。为国际上普遍采用的高温高压灭菌处理病害动物的方式之一，借助于高温、高压，病原体杀灭率可达 99.99%。

化制法是一种较好的处理病死兔的方法，是实现病死兔无害化处理、资源化利用的重要途径，具有操作较简单、投资较小、处理成本较低、灭菌效果好、处理能力强、处理周期短、单位时间内处理最快、不产生烟气、安全等优点。但处理过程中，易产生恶臭气体（异味明显）和废水。

（5）**生物降解法** 生物降解法是指将病死兔尸体投入降解反应器中，利用微生物的发酵降解原理，将病死兔尸体破碎、降解、灭菌的过程。其原理是利用生物热的方法将尸体发酵分解，以达到减量化、无害化处理的目的。

生物降解技术是一项对病死兔及其制品无害化处理的新型技术。该项技术不产生废水和烟气，无异味，不需高压和锅炉，杜绝了安全隐患，同时具有节能、运行成本较低、操作简单的特点。此外，采用生物降解技术可以有效地减少病死兔的体积，实现减量化的目的，进而有效避免乱扔病死兔尸体的现象。

三、兔病诊断技术篇

(一)临床诊断技术

55. 兔临床诊断的基本程序是什么?

临床诊断是利用人的感官来看、摸、闻、问,或借助一些简单的器械如听诊器、体温计等,直接对病兔进行检查,以对某些具有特征性临床症状的病兔,如外伤、瘫痪、骨折、疥癣、歪头、鼻炎、梅毒、乳房炎、脱肛等作出初步诊断。但临床诊断也有一定的局限性,因为有很多的兔病其临床症状并不典型,或症状相似而易混淆。这就要结合病理剖检和进一步作实验室诊断来确诊。在进行临床诊断时,注意要对整个发病兔群所表现的综合症状加以分析判断,不可因个别或少数病例的症状轻易下结论,造成误诊。具体诊断程序如下:

(1)调查病史 向饲养管理人员了解发病的原因、经过和发病前后的基本情况。询问时要有侧重点,针对性强,对所获得的资料还要进行综合分析,以便为诊断提供真实可靠的信息。

(2)临床检查 对病兔进行详细的体表观察,这是兔场最常用的一种现场诊断方法。主要包括:①整体状态的观察,如体格、发育、营养状况、精神状态、体态、姿势与运动、行为等。②被毛及皮肤的检查,如被毛、皮肤、肉髯等。③眼结膜的检查。④浅在淋巴结和淋巴管的检查。⑤体温、脉搏和呼吸数的测定。

(3)系统检查 包括消化系统检查、呼吸系统检查、泌尿系统检查、生殖系统检查、心血管系统检查、神经系统检查等。

(4)实验室检查 对患病兔用临床检查和系统检查后,无法对疾病作出诊断或诊断困难时,进行实验室检查或特殊检查,从而对疾病作出确切诊断。

56. 兔临床整体状态检查的内容有哪些?

兔临床整体状态的检查是指对兔的外貌及体形的检查,主要观察兔的精神、体格、姿势、营养、性情等，应使其在无惊慌骚动的情况下进行。体格发育和营养良好的健康兔，外观其躯体各部位发育匀称、肌肉发达、皮下脂肪丰满、骨骼棱角处不显露。生长和营养不良的兔，表现体躯矮小、瘦弱无力、骨骼显露、发育迟缓或停滞。

（1）检查兔的精神状态　检查兔的精神状态主要根据兔自身的行为表现（如举动、姿势等）和对外界刺激的反应能力（如眼神、感觉等）来判定。健康兔两耳转动灵活，目光有神，对外界反应敏感。如遇人接近或稍有响动，抬头竖耳，小心分辨外界情况；如受惊吓，紧张不安，以后脚拍打笼底板或在笼内窜跑，带仔母兔具有攻击性。兔的精神状态的异常表现分为精神亢奋和精神沉郁两种。精神亢奋是指神经机能过度兴奋，出现狂奔、肌肉强直、颤抖、角弓反张等；精神沉郁是指神经机能受到抑制，出现反应迟钝、低头耷耳、呆立闭目、伏卧一角等。

（2）检查兔的姿势　正常情况下，兔的行动、起卧，均保持固有的自然姿势，动作灵活协调。蹲伏时，前肢伸直，互相平行，后肢合适地置于体下，由靠在笼底的后肢脚趾部负重，走动时臀部抬起，轻快敏捷。除采食外，白天大部分时间处于休息或假睡状态。天热时躺卧，呈伏卧或侧卧，前后肢极度伸展，散发体热；寒冷时则蹲伏，身体蜷缩，减少散热。

病理状态下，出现跛行、扭颈、行走重心前移、左右交换负重或反常的站立、伏卧、运动等异常姿势，则说明有中枢神经疾患，器官机能障碍或骨骼、肌肉、内脏有疾患。检查兔的姿势，对确诊运动系统和神经系统的疾患有特殊意义。

（3）检查兔的营养状态　兔的营养状态是通过肌肉、皮下脂肪、被毛状况进行综合判断。肥瘦程度反映机体健康与否。健康兔体躯各部匀称，肌肉丰满，骨骼不外露，用手触摸背脊骨背肉丰厚，不易分辨背骨。病兔表现为消瘦，皮包骨头，用手触摸背脊骨呈粒粒凸起，似算盘珠，说明有疾病存在或营养不良。骨骼突起清晰可见，被毛无光泽，多见于饲料品质差或饲喂量不足等引起的营养不良；用手触摸背脊骨两旁凹削，则可能患寄生虫病或慢性疾病，如球虫病、肝片吸虫病、伪结核病、结核病、慢性巴氏杆菌病、慢性波氏杆菌病、腹泻及疥癣等。

57. 如何对兔进行临床检查？

临床检查最常用的是通过问诊、视诊、触诊、嗅诊等方法对病兔进行详细的客观检查。主要包括外貌、皮肤、被毛、可视黏膜、淋巴结、体温、呼吸、心跳次数、精神、食欲、粪、尿的检查，了解一般状况，得出初步印象，然后再重点深入进行分析判断。

(1) 问诊　问诊就是以询问的方式，听取畜主或饲养人员关于病兔发病情况和经过的介绍。通过问诊和查阅有关资料，调查有关引起传染病、寄生虫病和代谢病发生的一些原因。主要包括发病的时间与地点、主要症状、疾病的发病情况、经过、传播速度、防疫情况、饲养管理等。

(2) 视诊　就是用肉眼来观察病兔主要病变部位的形状和大小等。有些疾病靠视诊就可以确诊，如传染性鼻炎、眼结膜炎等。

(3) 触诊　就是用手抚摸或触压检查的部位，以确定病变的位置、硬度、大小、温度、压痛及是否有移动性等。若压之有波动感，则可能是皮下水肿或脓肿。

(4) 嗅诊　检查饲料、饮水、兔舍内部空气状况以及排泄物等时，较容易依靠嗅觉来了解它们的气味，辨别正常与否。

58. 怎么测定兔的体温与心跳？

(1) 体温的测定

①可通过观察耳色，用手触摸耳根、胸侧，可基本断定是否发热。此方法操作简便，但不如温度计测温准确。

②用体温表测肛门内温度。其具体方法是：先将温度计甩至 35℃ 以下，用 70%酒精棉球擦拭消毒后，涂以甘油等润滑油。右手抓住兔耳及颈皮将头颈部送往左臂下挟在左腋下面，左手拇指、食指提住兔的尾根，将温度计轻轻旋转由肛门插入直肠（角度稍向腹部前方倾斜）内，插入的深度为体温计的 1/2～2/3，待 2～3min 后取出，记录温度，然后用酒精棉球擦拭干净。

(2) 心跳的测定　在兔安静状态下，可用手触摸肱骨内侧桡动脉，也可用手紧贴左侧肘后胸壁触摸或听诊心跳次数。除计数次数以外，还要从心搏动节律加以分析。引起心跳变动的生理因素有年龄、性别、品种、生产性能、恐惧等。

健康兔的心跳次数（或脉搏）每分钟成年兔 80～100 次，幼兔 100～160 次。心动过速，常见于急性传染病、发热性疾病、贫血、心脏疾病、呼吸系统疾病、疼痛及某些中毒病；心动过缓，见于黄疸、脑水肿、某些中毒及濒死期。

59. 兔健康检查是什么？ 基本要领有哪些？

兔的健康检查是为了及时发现病兔并给予尽早治疗，减少疫病的传播和损失，饲养管理人员必须掌握兔的健康检查技术。所谓健康检查，不是兔病诊断，而是根据大多数疾病都有一定的前期征兆或临床症状，通过对兔的食欲、饮水、被毛与皮肤、粪尿排泄、耳、眼等生理状况的异常来观察，识别兔的健康与疾病状态的方法。

（1）食欲的检查　兔的胃液酸度高，盲肠发达，消化能力很强。夜间活动性强，晚间采食量为全天的 3/4，而且有食夜粪的习性。在采用定时定量的饲喂方法下，最易观察兔的食欲。所以，饲喂上做到定时定量，不能过量或不足。健康兔食欲旺盛，到了习惯的喂料时间，表现出急于求食的现象，在笼内跳来跳去，打开笼门就伸出头来寻食。一般15~30min，便可吃完每次给的精饲料。如果喂料时，兔不靠近食槽，呆滞蹲缩在兔笼一角，不与其他兔抢食，想吃不吃或吃得很少，表明该兔出现减食或停食现象。在排除缺水、饲料变质、母兔发情的情况下，表明该兔已经患病。

食欲常受外因和内因的影响，如气候、饲料品质、胃的充盈度、精神刺激等。食欲减退、食槽满盈或草架堆满草料时，应引起注意，表明胃肠机能障碍，常见于缺水、口腔疾病（如门齿错位咬合等）、传染病初期等；食欲时好时坏，常见于慢性消化器官疾病；食欲反常（异嗜癖），常见于舔食被毛、粪尿或母兔食仔，多因缺乏微量元素、维生素所引起；拒食，表明疾病严重、预后不良。

（2）饮水的检查　成年兔在一般采食颗粒饲料的条件下，日饮水量为300~450mL，但随气温升高或哺乳而增加。气温适中时，饮水量大约是饲料采食量的2倍。饮水增多，是兔体温升高的反映，常见于发热性疾病、食盐中毒、胃肠炎、腹泻等；饮水减少，常见于腹痛、消化不良、重病后期等。兔饮水不足时，采食量迅速下降，育肥兔增重降低，成年兔失重，严重时死亡。

（3）被毛与皮肤的检查　兔被毛与皮肤的检查主要通过视诊和触诊检查。包括兔被毛状况、皮肤温度、湿度、弹性、色泽及有无破损等。健康兔被毛平顺浓密，有光泽而富弹性。一般每年春秋季各换毛一次，除了换毛季节，被毛粗乱、焦枯、稀疏、蓬松、脱落均属病态。

健康兔皮肤致密结实而富有弹性。检查时，察看皮肤的颜色及完整性，用手触摸身体各部位有无脓肿、结痂、光滑与否。嘴鼻端、两耳背及边缘、脚爪等处被毛脱落，并有麸皮样的结痂物，可能患疥癣病；背部和颈部的被毛呈斑块状脱落，脱落部位的皮肤上有丘疹和大小不一的结痂，可能患霉菌病；腹部、背部或其他部位皮肤凸出，呈现脓肿，可能患葡萄球菌病；母兔乳头周围皮肤呈暗紫色或有脓肿，可能患乳房炎；公兔睾丸皮肤有麸样皮屑，肛门周围及外生殖器官的皮肤有结痂，可能患梅毒；阴囊水肿，包皮、尿道、阴唇出现丘疹，可能患兔痘；口腔、下颌部和胸前部皮肤坏死并有恶臭，可能患坏死杆菌病；下颌、胸部、前爪被毛湿润则可能患溃疡性齿龈炎、齿病、传染性水泡性口炎、发霉饲料中毒、有机磷农药中毒、大肠杆菌病、坏死杆菌病等。

（4）耳的检查　正常兔的耳朵应直立且转动灵活，如下垂则可能因捉兔方法不当或受外伤、冻伤所致。触摸耳朵了解皮温，观察耳朵颜色。健康的白色兔的耳朵呈粉红；苍白，表示贫血、消瘦或慢性传染病；发黄，表示黄疸；红色，用手握住感觉过热，表示发热、中暑、血流过速；蓝紫色，用手握住感觉发凉，表示发绀、中毒或受寒。健康兔的耳壳内清洁，耳尖耳背无结痂；如耳内有结痂，可能患痒螨或中耳炎。

（5）可视黏膜的检查　可视黏膜指眼、口、鼻、肛门、外生殖器等浅表皮肤处的黏膜，正常时呈粉红色，湿润有光泽。检查黏膜除检查色泽外，还要注意有无分泌物，是浆液性、黏液性还是脓液性。

口腔黏膜有流涎现象，可能患有口腔黏膜炎；外生殖器周围的黏膜或皮肤上有结节、溃疡和结痂，可能患有梅毒病或葡萄球菌病；鼻腔有黏液脓性分泌物，呼吸困难，鼻腔周围有污物，可能患有慢性巴氏杆菌病；肛门周围及尾巴粘有稀粪，粪不成形，稀薄，恶臭，可能患有球虫病、魏氏梭菌性肠炎等。

（6）眼睛的检查　健康兔的眼睛圆而明亮，活泼有神，眼角干净无脓性分泌物。如眼睛呆滞，似张非张，反应迟钝，则为患病或衰老的象征。如眼睛流泪或有黏液、脓性分泌物，精神萎靡，可能患有慢性巴氏杆菌病、结膜炎。如眼睛长得像牛眼睛那样圆睁凸出，应淘汰。检查眼结膜较方便，左手固定头部，右手拇指、食指拨开上下眼睑观察。眼结膜颜色的病理变化有下列 4 种情况：

①苍白，逐渐变白，机体消瘦，可能患有慢性消耗性疾病，如贫

血、消化不良、寄生虫病、慢性传染病等；急性苍白，可能患有急性肝、脾大出血及其他性质严重的内出血。

②发黄，是血中胆色素含量增加，出现代谢障碍，沉积在皮肤或黏膜上所致。可能患有寄生虫病、败血症或黄曲霉中毒等；伴随机体消瘦，可能患有肝炎、黏吸虫病、黏球虫病等肝病。

③潮红，双眼潮红，表明全身血液循环状态有变化，可能患有脑膜炎、发热性传染病（如巴氏杆菌病）等；一侧眼结膜潮红，表明局部有炎症，伴有肿胀和脓性分泌物，可能患有结膜炎、急性传染病等。

④发绀，呈蓝紫色或乌黑色，表明血液中二氧化碳含量过高，严重缺氧，可能患有肺炎、心力衰竭或中毒等。

（7）体表淋巴结的检查　兔的体表淋巴结较小，平时不易摸到，有疾病侵袭时，体表淋巴结最先作出变化。检查体表淋巴结常用的是触诊和视诊，主要检查其大小、形态、温度、软硬度、移动性。通常检查的部位有下颌淋巴结（下颌骨腹侧）、肩前淋巴结（肩胛前缘脂肪组织内）、股前淋巴结（髂骨外角稍下方，股阔筋膜张肌前缘）、腘淋巴结（膝关节后面稍上方的皮下，股二头肌与腓肠肌之间）等。用手触摸，若有化脓，淋巴结变软、变薄，有波动感，穿刺可排出脓汁；若急性肿胀，有发热感、体积增大、疼痛明显，可能患有急性传染病；若慢性肿胀，表面不平滑，无明显的热痛反应，不易移动，常与周围组织粘连而失去活动性，可能患有结核、肿瘤等。

（8）腹部检查　主要观察腹部有无异常膨大。除妊娠外，腹部体积一般无增大现象。腹部膨大，发生胀气或积食，可能患有球虫病、结肠阻塞等；如腹下部膨大，触诊有波动感，改变兔体位，膨大部随之下沉，表明腹腔有积液；如果触诊时，兔出现不安、闹动，腹肌紧张且有震颤，表明腹膜有疼痛反应，可能患有腹膜炎；腹围增大，盲肠大而软，可能患有球虫病、大肠杆菌病等；盲肠内有硬结，可能患有盲肠秘结。

（9）粪便的检查　观察粪便形状是诊断兔病的重要内容之一。检查粪便时，注意排便次数、持续时间、间隔时间、粪形、粪量、颜色、气味、混杂异物情况。健康兔的硬粪粪便颗粒呈椭圆形，大小均匀，如同豌豆大小，表面光滑，有弹性，呈茶褐色或褐黄色，无黏液、血液。硬粪排粪主要在白天，尤其是在进食后，成年兔日排粪 30 余次，约100g。如粪粒变小、变尖，干硬无弹性，粪量减少或停止排粪，触诊腹内有干硬粪球时，就是便秘的表现；粪便变稀，成堆呈酱色，可能是饲喂霉变饲料等有毒饲料所致；粪便变稀，呈串、呈条状，有明显的酸臭味，可能患细菌性疾病，如大肠杆菌病、沙门氏菌病、魏氏梭菌病等；粪便稀薄如水或有带血现象，表明肠道有炎症；粪便变性，带有黏液呈顽固性腹泻，可能患寄生虫病，如球虫病。无论是便结、便秘或粪便变软、变形都是消化道疾患的预兆，如不及时治疗，会逐渐发展为肠炎。

（10）尿液的检查　排尿次数、排尿量、排尿姿势、尿液性质、颜色、内含物等反映出病理状况。正常情况下，成年兔每千克体重平均每昼夜的排尿量为 130mL。幼兔尿液呈无色清亮，成年兔尿中含多量钙盐，呈白色浑浊。排尿次数增多，甚至出现尿频和尿淋漓，尿中带血，尿液氨味重，可能患有膀胱炎、阴道炎、尿结石等；排尿次数减少，尿色深，比重大，沉渣增多，多是急性肾炎；尿液呈酱油色，可能患有豆状囊尾蚴病、肝片吸虫病、肝硬化等；膀胱麻痹、括约肌痉挛、尿道结石时，出现尿闭；腰荐脊柱损伤或括约肌麻痹，可出现尿失禁；严重肾炎时，肾脏泌尿停止可见无尿。

（11）体温的检查　健康兔的体温为 38.5～39.5℃，影响兔的体温变化的因素有很多，同一兔在不同时间（早、中、晚）、季节（夏高、冬低）、年龄（幼年高、成年低）以及运动、采食前后均有差异。在没有生理因素、气候变化及外界条件的影响下，兔体温的异常升高或降低都是疾病的表现。测定体温的高低变化，有助于早期诊断和群体检查，分析判断病情。

出现发热，即体温高于常温，多属急性传染病、各种炎症等；低温时，即体温低于常温，多为慢性病，见于贫血、生产瘫痪、体质衰竭、中毒等；长时间的体温偏低或体温骤然下降，是死亡的征兆之一。

（12）呼吸的检查　检查兔的呼吸可看鼻翼扇动或肷部（两侧肋骨和胯骨之间的部分）的起伏，也可用听诊器在胸壁听诊。健康兔每分钟呼吸 46～60 次（平均 50 次），幼兔可达 60 次及以上。影响呼吸次数发生变动的原因有年龄、性别、品种、姿势、营养、运动、妊娠、胃肠充盈程度、外界气温等。在分析病理性呼吸加快或减慢时，要排除这些因素的干扰。

当患有呼吸道感染肺炎、胸膜炎、中暑、急性传染病时，呼吸次数增加，且伴有呼吸困难或啰音、喘音；当患有上呼吸道狭窄、某些中毒、脑部疾病时，呼吸次数减少。

60. 兔的临床症状与疾病发生有何关系?

兔的临床症状表现形式多样,往往通过观察而得到,常用作疾病诊断的线索和重要依据,是反映病情的重要指标。同一疾病有不同的症状,不同的疾病又可有某些相同的症状。因此,在诊断疾病时要综合分析所有疾病资料。但在兔病诊断中,常根据临床所表现出的不同临床症状来初步判断可能发生的疾病,具体见表3-1。

表3-1 兔病临床诊断要点

临床症状	可能发生的疾病
鼻腔流出分泌物	兔巴氏杆菌病、兔波氏杆菌病、兔葡萄球菌病、兔沙门氏菌病、肺炎球菌病、肺炎克雷伯氏菌病、李斯特菌病、兔痘、兔病毒性出血症(兔瘟)、兔绿脓杆菌感染、类鼻疽、兔球虫病
流涎	传染性水泡性口炎、坏死杆菌病、兔大肠杆菌病、口腔溃疡及齿病
腹泻	兔魏氏梭菌病、兔大肠杆菌病、兔沙门氏菌病、泰泽氏病、结核、兔葡萄球菌病、兔链球菌病、兔绿脓杆菌感染、传染性水泡性口炎、兔痘、兔轮状病毒腹泻、兔球虫病、兔脑炎原虫病、兔病毒性出血症(兔瘟)(死前)、肺炎克雷伯氏菌病、兔巴氏杆菌病、兔伪结核病、坏死杆菌病
流泪及眼分泌物	兔巴氏杆菌病、兔绿脓杆菌感染、兔痘、兔球虫病、类鼻疽、兔黏液瘤
斜颈	兔巴氏杆菌病(中耳炎)、李斯特菌病、兔脑炎原虫病、耳螨
脱毛	疥螨病、痒螨病、秃毛癣、兔巴氏杆菌病(鼻周)、兔葡萄球菌病(脚皮炎)
流产	李斯特菌病、兔沙门氏菌病、肺炎球菌病、肺炎克雷伯氏菌病、兔痘、类鼻疽、布鲁氏菌病
痉挛与运动失调	兔病毒性出血症(兔瘟)、兔巴氏杆菌病(急性)、李斯特菌病、兔脑炎原虫病、兔痘、兔球虫病
急性死亡	兔病毒性出血症(兔瘟)、兔巴氏杆菌病(急性)、李斯特菌病、兔沙门氏菌病(急性)、兔大肠杆菌病(急性)、兔魏氏梭菌病、泰泽氏病、兔黏液瘤、野兔热
母兔不孕	兔巴氏杆菌病(子宫炎症)、兔沙门氏菌病、李斯特菌病、布鲁氏菌病
后驱瘫痪	营养学瘫痪、机械性损伤、产后瘫痪、兔球虫病、弓形虫病
呼吸困难	兔伪结核病、兔绿脓杆菌病、类鼻疽、兔病毒性出血症(兔瘟)、兔黏液瘤、兔痘

（二）病理学诊断技术

61. 剖检是什么？剖解程序及内容有哪些？

病理剖检是诊断兔病的重要方法之一，也是进一步检验临床诊断的准确性。有许多常见兔病，往往通过对病死兔或濒死期扑杀的兔进行剖检，以肉眼或借助显微镜检查兔体内各脏器及其组织细胞的病变，并将某些有特征性的病变作为诊断依据，同时结合流行病学特点和生前临床症状作出正确的诊断。

剖检是对病死兔进行系统性全身病理检查和诊断的技术。剖检前，检查皮肤、外耳、鼻孔、可视黏膜等部位的变化。剖检时，采取背卧式固定尸体。沿着腹中线剖开腹腔，视检内脏和腹膜，然后剖开胸腔，剪破心包膜。依次逐个检查舌、食道、喉、气管、肺脏、心脏、脾脏、网膜、胃、肠、肝脏、肾脏、膀胱及生殖器官和其他组织器官有无病变和畸形，体腔有无积水、渗出物和血液，胃肠黏膜、肠壁、圆小囊和肠系膜淋巴结有无异常等。常采取边摘出、边检查、边取材的方法，有的器官也可不摘出，直接检查和取材。

尸体剖检是由体表开始，后于体内。体内的检查通常是从腹腔开始，再开胸腔，然后其他。但剖检方法和顺序也不是一成不变的，应结合当时的具体条件、检查目的或检查要求灵活掌握。

（1）外部检查　在剥皮之前检查尸体的外表状态。检查内容包括品种、性别、年龄、毛色、特征、体态、营养状况以及被毛、皮肤、可视黏膜等有无异常，同时还应注意尸体的变化，如尸冷、尸僵、有无腐败等，以判定病兔死亡的时间、体位，并与病理变化相区别。

（2）上呼吸道检查　主要检查鼻腔、喉头黏膜及气管环间是否有炎性分泌物、充血和出血。

（3）皮下检查　在剖开体腔前先剥皮，当腹部胀气严重时，可穿刺放气后再剥皮。在剥皮过程中，检查皮下脂肪的量和性状，皮下有无出血、水肿、炎性渗出、化脓、坏死、色泽等，注意血液的凝固性状、肌肉的发育状态和颜色，以及皮下淋巴结的大小、形态、颜色、质地、切面性状等。

（4）腹腔脏器检查　皮下检查后将尸体腹部向上，切开腹壁，使腹腔脏器暴露。主要检查腹腔液体的数量和性状，有无异常内容物，如纤维素渗出、寄生虫结节；腹膜是否光滑，有无出血；腹腔脏器的体位置、形态、颜色、质地是否正常，是否肿胀、充血、出血、化脓、坏死、粘连等；横膈的紧张度，有无破裂。随后分别仔细检查肝、胆、脾、胃、肠、肠系膜、肾、膀胱、子宫等。必要时，可将各脏器采出进行检查。

(5) 胸腔脏器检查　主要检查胸腔积液、胸膜、肺、心包、心肌是否充血、出血、变性、坏死等。打开胸腔后，首先检查胸腔液的量和性状，胸腔内有无异常内容物，胸膜的颜色和光滑度，有无出血或肺发生粘连等。再检查肺、心脏、食管、器官的状态，随后将其分别采出，进行仔细检查。

(6) 脑　检查脑膜、脊髓膜内腔室脉络丛，血管明显扩张充血提示兔病毒性出血症（兔瘟）。

(7) 脓汁　检查若脓汁呈乳白色，表示有兔巴氏杆菌病、波氏杆菌病、葡萄球菌病、沙门氏菌病。若脓汁有恶臭气，表明有兔坏死杆菌病。脓汁呈绿色且有特殊气味，表明有兔绿脓杆菌病。

62. 兔胸腔、腹腔的检查与疾病有何关系?

(1) 肺脏　正常的肺是淡粉红色，呈海绵状，分左、右两叶，由纵隔分开。检查时，应该注意肺部有无炎症性的水肿、出血、化脓和结节等。如肺充血或肝变，尤其是大叶，可能是巴氏杆菌病；肺脓肿可能是支气管败血波氏杆菌病、巴氏杆菌病。

(2) 心脏　心脏上部为心房，壁薄；下部为心室，壁较厚。如心包积有棕褐色液体、心外膜附有纤维素性附着物可能是巴氏杆菌病；如胸腔积脓，肺和心包粘连并有纤维素性附着物，则可能是支气管败血波氏杆菌病、巴氏杆菌病、葡萄球菌病和绿脓假单胞菌病。

(3) 肝　肝表面有灰白色或淡黄色结节，当结节为针尖大小时，多为沙门杆菌病、巴氏杆菌病、野兔热等；当结节为绿豆大时，多为肝球虫病；肝肿大、硬化、胆管扩张多为肝球虫病、肝片吸虫病；肝实质呈淡黄色，细胞间质增生，多为病毒性出血症；肝表面有黄豆大小的黄色结节或呈大理石状黄色条纹，多为兔豆状囊尾蚴病。

(4) 胃　兔的胃前接食道，后连十二指肠，横于腹腔前方，位于肝脏下方，为一蚕豆形的囊。健康兔的胃经常充满食物，偶尔也可见到粪球或毛球。如胃浆膜、黏膜有充血、出血症状，可怀疑是巴氏杆菌病；

如胃内有多量食物，黏膜、浆膜多处有出血和溃疡斑，又常因胃内容物太充满而造成胃破裂则可怀疑为魏氏梭菌病。

（5）肠　兔发生腹泻病时，肠道有明显的变化。如发生魏氏梭菌下痢病时，盲肠肿大，肠壁松弛，浆膜多处有鲜红出血斑，大多数病例内容物呈黑色或褐色水样，并常有气体，黏膜有出血点或条状出血斑；若患大肠杆菌下痢病时，小肠肿大，充满半透明胶冻样液体，并伴有气泡，盲肠内粪便呈糊状。也有的兔排出的粪便像大鼠粪便，两头尖，外面包有白色黏液。盲肠的浆膜和黏膜充血，严重者会出血。

（6）脾脏　兔脾脏呈暗红色，长镰刀状。当感染病毒性出血症（兔瘟）时，呈紫色，肿大。若感染伪结核病，常可见脾脏肿大 5 倍以上，呈紫红色，有芝麻大的灰白色结节。

（7）肾脏　兔肾脏是卵圆形，在正常情况下呈深褐色，表面光滑。肾脏可见表面粗糙肿大、突出，似鱼肉样病变，多为肾母细胞瘤、淋巴肉瘤等；有点状出血或弥漫性出血等，多为病毒性出血症。

（8）膀胱　膀胱是暂时储存尿液的器官，无尿时为肉质袋状，在盆腔内；充盈尿液时，可突出于腹腔。兔每天尿量随饲料种类和饮水量不同而有变化。幼兔尿液较清，随生长和采食青饲料、谷粒饲料后则变为棕黄色或乳浊状，并有以磷酸铵镁和碳酸钙为主的沉淀。兔患病时常见有膀胱积尿，如球虫病、魏氏梭菌病等。

（9）卵巢、子宫　卵巢位于肾脏后方，小如米粒，常有小的泡状结构，内含发育的卵子。母兔的子宫位于腹腔内，一般与体壁颜色相似。若子宫肿大、充血，有粟粒样坏死结节，则表明可能感染沙门氏菌病；子宫呈灰白色，宫内蓄脓，多为葡萄球菌病、巴氏杆菌病等疾病。

（10）阴囊、睾丸、阴茎　睾丸发炎时，睾丸肿胀；阴茎溃疡，周围皮肤龟裂、红肿，阴囊皮肤及其周围有结节等，则表明可能患有梅毒病。

63. 剖检的注意事项有哪些?

（1）了解病史，分析病情　剖检前，应全面了解病死兔的发病经过、症状表现、疾病流行特点、检查诊断、治疗及死亡情况等内容，以便有重点地进行解剖检查和剖检后进行正确的诊断。

（2）尽早剖检　剖检病兔最好在死后 6h 内进行，一般死后超过24h 的尸体就失去剖检意义。需要采集病料的，最迟不得超过 6h。

（3）准备必需的剖检器械、物品　常用的剖检器械物品有解剖刀、组织剪、镊子、量杯、注射器、针头以及采集病料时所需的酒精灯、接种棒、大口瓶、棉签和固定病理材料用的福尔马林、酒精等，还需要准备一些常用消毒剂，如新洁尔灭、碘酊等。

（4）选择剖检地点　剖检病兔，尤其是患传染病的病兔，应在有清洗消毒条件的室内进行。若无条件而需要在室外剖检时，应选择离兔舍、水源、道路较远的僻静处，预先挖好埋尸坑。剖检后，将尸体连同其他污染丢弃物和被污染的土层等一起投入坑内，消毒或浇油火烧后掩埋，并彻底消毒剖检现场，以防病原扩散。

（5）剖检人员的自我防护　剖检人员应根据条件穿工作服、戴手套、口罩，手臂上涂抹凡士林等油脂，以防感染。在剖检中不慎损伤皮肤，应立即清洗消毒并包扎，如有组织液等进入眼内，应立即冲洗消毒。

（6）做好剖检记录　剖检记录是进行综合分析研究病情、书写剖检报告的重要依据，内容力求完整详细，如实地反映病死兔尸体的各种病理变化。

64. 如何采集病料？

通过流行病学调查、临床症状和剖检特征，一般可得出较为可靠的诊断结论。但对有些疫病，特别是一些急性病例，往往缺乏特征性病理变化。即使通过剖检，也尚难下结论，还需采集病料送往本地或其他有关实验室进行检查。

由于实验室各项检查的目的和方法不同，其病料的采集方法和要求也不完全一样。一般要求病料应在兔死后立即采取，最迟不能超过 6h，用于微生物检查的病料应采用无菌采集。为了不影响病原体的检出，取材尸体生前最好是未经用药预防或治疗过的。

（1）当怀疑某种传染病时，采取该病最常侵害的部位或其特征性的病变组织　如怀疑患结核病时，应采取肺组织和病变结节；怀疑患魏氏梭菌病时，应采取胃肠内容物等；怀疑患败血性传染病、巴氏杆菌病、兔瘟等，可采取心、肝、脾、肺、肾、淋巴结及胃肠道等；如有神经症状的传染病，还应采取脑、脊髓等。

（2）不知怀疑对象时，应将整个兔送检或全面采集病料　通常采取心血、体液、分泌物、内容物和各主要器官组织，包括心、肝、脾、肺、肾、淋巴结、蚓突、圆小囊、肠管、子宫以及其他有病理变化的器官组织和病理产物等。

（3）对中毒或疑似中毒病例的检验样品，可选取胃内容物、肠内容物、剩余饲料、可疑饲料约 500g，发霉饲料 1 000～1 500g，呕吐物全部，饮水、尿液 1 000mL，血液 50～100mL，肝 1/3 或全部，肾 1 个，以及土壤 100g，被毛 10g，供检验。所取样品单独分装，若需送检，样品应分装于清洁的玻璃瓶中或塑料袋内，严密封口，贴上标签，即时送检。另外，要附送临床检查和尸体剖检报告，并尽可能提出要求检验的毒物或大体范围。

（4）对寄生虫病的病兔尸体，根据剖检情况，采集虫体、幼虫或虫卵等主要寄生部位的器官、组织及其内容物和血液等进行检查。有些寄生虫病产生特异性病变，如形成包囊、结节等，可直接采取；在剖检过程中发现虫体，必要时可直接采取。

（5）采取病理组织检验材料时，在采集完病原学检查和毒物检验材料之后，结合剖检进行的，可以采取各器官所见到的有诊断意义的典型病变组织或通过肉眼难以确定的可疑病变组织。

65. 如何保存病料？

采集的新鲜病料（可疑的饲料、饮水、胃肠内容物、脏器、排泄物等）分装在洁净的广口瓶或塑料袋内（不宜用金属器皿的病料）保存，有以下 3 种保存方法：

（1）细菌检验材料　将采集的组织块放入灭菌容器，低温条件冷存；或放入预先消毒并盛有灭菌的液体石蜡、灭菌的饱和盐水或 30% 甘油缓冲液的容器中加塞封存。

（2）病毒检验材料　将采集的病料放入灭菌容器低温冷存，或保存于装有 50% 甘油生理盐水中加塞封存。

（3）病理组织检验材料　将采取的组织块立即放入 10% 福尔马林溶液中或 95% 酒精中固定。固定液用量为组织块体积的 5～10 倍，如用 10% 福尔马林溶液固定，24h 后应更换 1 次新鲜溶液。

66. 如何送检病料及检验病理组织？

（1）装病料的容器要编号，并做好详细记录，附上送检单和病历，说明检查目的和要求等，连同病料一起送往检查。

（2）送检时，存放病料的容器应根据病料的要求进行包装。如病理材料怕冻，应放入装有保存液包装后送检等。

（3）病料包装好后，派专人尽快送到检验单位或实验室进行检验。

病料在做病理组织检查前，要结合送检单位剖检采样记录对组织进行检查、核对，并简要记录描述组织块的大小、形状、特点以及与周围组织的关系等。根据送检的目的和要求，结合病历记载和组织块病变等，对组织块进行修切、整形、选择一定部位进行显微镜检查。组织病理切片制作需要经过组织修整、水洗、脱水、浸蜡、石蜡包埋、切片、染色等过程，工序繁杂并有一定要求，需由专业人员操作，组织切片的显微镜检查也需要有扎实的病理组织学基础和丰富的工作经验。

（三）实验室诊断技术

67. 什么是实验室诊断？

实验室诊断是对兔场发病兔进行实验室常规检测，如细菌学检查、血清学检测等，再结合流行病学、临床症状和病理剖检等作出快速而准确的诊断。实验室诊断也是确诊兔病的重要方法之一，只有找出了主要病因，才能有针对性地制定出有效的防治措施。实验室诊断包括血液学检查、微生物学诊断和寄生虫病学诊断。

68. 兔血液检查内容有哪些？

从兔耳静脉采集血液进行常规检查，检查内容包括红细胞计数（RBC）、白细胞计数（WBC）、血红蛋白含量（Hb）、红细胞压积容量（PCV）和白细胞分类计数（DC）等。健康兔血液正常值：红细胞600万个/mm^3、白细胞9 000（6 000～12 000）个/mm^3、血红蛋白12（8～15）g/100mL、血浆总蛋白6.2g/100mL、血小板74.3万/mm^3。

红细胞数增多，见于严重腹泻、广泛性水肿、传染病及其他发热性疾病；红细胞数减少，见于引起贫血的各种疾病，如寄生虫病、败血病及营养不良等。血红蛋白含量与红细胞数的增减多数呈正比。

白细胞数增加，见于各种细菌感染性疾病，以及中毒病、内寄生虫病等；白细胞减少，主要见于某些病毒性疾病及慢性中毒等；白细胞数急剧下降，表示病情严重，提示预后不良。

69. 怎样进行显微镜检查?

显微镜检查是将病料涂片、固定、染色，放到显微镜下观察病原菌的形态特征。对葡萄球菌、巴氏杆菌、螺旋体菌等较易得出可靠结论，但对多数病原菌只能提供一定的检查线索和参考。

（1）制备抹片　不同病料采取不同的抹片方法。液体病料，直接用接种环取样，置于载玻片上涂成适当大小的均匀薄层；脏器组织病料，用新鲜切面在玻片上轻轻压印制成触片或涂片抹成薄层；粪便、脓汁或菌落等病料，先取少量生理盐水或蒸馏水于玻片上，再取少量病料与之混合均匀涂成薄层。抹片涂好后，经过自然干燥或火焰烘干法干燥，再经过火焰固定或化学固定才能染色。

（2）染色　染色分为简单染色和复染色两种。简单染色，只用一种染料进行染色，如美蓝染色法；复染色，用两种或两种以上的染料或加媒染剂进行染色，如革兰氏染色法、瑞氏染色法、姬姆萨染色法。实际生产中常用复染色，因为复染后不同的细菌和物质以及细菌构造的不同部分可呈现不同的颜色，方便鉴别细菌。常见镜检染色方法有以下7种：

①革兰氏染色，所有真菌、放线菌均为革兰氏染色阳性，被染成蓝黑色。适用于酵母菌、孢子丝菌、组织孢浆菌及诺卡菌、放线菌的感染。

②乳酸酚棉蓝染色，用于各种真菌培养物的镜检。

③印度墨汁，用于检测脑脊液中的新生隐球菌。

④抗酸染色，用于乳酸菌及诺卡菌的诊断。

⑤瑞氏染色，用于组织胞浆菌和马内菲青霉的检测。

⑥过碘酸锡夫染色，用于体液渗出液和组织匀浆等。真菌胞壁中的多糖染色后呈红色，细菌和中性细胞偶可呈假阳性，但与真菌结构不同，不难区别。

⑦嗜银染色，真菌可染成黑色，主要用于测定组织内真菌。

（3）检查　经染色后的细菌在显微镜下能清楚地显示其形态和构造，不同染色方法有不同的染色反应。检查时，按细菌的不同形态分为3类：球菌，有双球菌、链球菌、四联球菌、葡萄球菌等；杆菌，近似正圆柱形，菌体多数平直，两端多钝圆，有些有侧枝或分枝，也有一端膨大，呈棒状等；螺旋状菌，呈弯曲或螺旋状圆柱形，两端钝圆或尖突。

70. 怎样进行细菌学检验？

（1）采集病料　取有病变兔的内脏器官，如心、肝、脾、肾、空肠、淋巴结等作为被检病料。为了提高病原微生物的阳性分离率，采取的病料要尽可能齐全，除了内脏、淋巴结和局部病变组织外，还应采取脑组织和骨髓。

（2）染色与镜检　取清洁玻片作被检病料的触片或涂片，自然干燥后，火焰固定，用革兰氏、美蓝或姬姆萨染液染色，待干燥后在显微镜下检查。不同致病菌染色结果和形态大小都不一样，如A型魏氏梭菌呈革兰氏阳性大杆菌，较少能看到芽孢；巴氏杆菌呈革兰氏阴性菌，大小一致的卵圆形两极着色的小杆菌。可以根据细菌的形态特征来诊断兔病。

（3）分离培养　用不同的培养基，如营养琼脂、绵羊鲜血琼脂、血清琼脂等培养基，将病料分离接种于培养基中，置37℃培养20～24h，观察细菌生长状态，菌落的形态、大小、色泽等。再做涂片检查及进行生化反应、动物接种和血清学检验等。

（4）生化试验　由于不同细菌所含的酶不同，利用的营养物质不同，因此其代谢产物不同。由此可以准确判断细菌性疾病。

（5）动物接种　可以取被检兔的内脏器官磨细用灭菌生理盐水做1∶5或1∶10稀释，也可以用分离培养菌落接种的马丁肉汤作为接种材料。一般以皮下、肌肉、腹腔、静脉或滴鼻接种兔或小鼠，剂量：兔0.5mL、小鼠0.2mL。若接种后1周内兔或小鼠发病或死亡，有典型的病理变化，并能分离到所接种细菌即可确诊。如超过1周死亡，则应重复试验。

（6）药敏试验　为了保证治疗效果，防止兔出现耐药性，可以用病兔分离出的细菌做药物敏感性试验，根据药敏试验结果选择最敏感的药物进行治疗。这样可以得到最佳的治疗效果。

（7）血清学检验　其目的在于应用血清学方法对兔群进行疫病普查诊断。方法有试管法和玻片法。

①试管法。将待检血清稀释不同倍数，分别加入等量细菌诊断性抗原，摇匀后放入37℃温箱或室温内一定时间后观察结果，按要求作出

诊断。

②玻片法。取被检血清 0.1mL，加于玻片上，同时加等量诊断抗原，于 15～20℃下摇动玻片并使抗原与被检血清均匀混合，作用后在 1～3min 内观察有无絮状物。如有絮状物出现而液体透明者为阳性，否则为阴性。

71. 怎样进行真菌检验?

真菌的常规检查包括形态学检查（直接镜检＋染色镜检）、培养检查和组织病理学检查。真菌检查的特殊检查包括血清学方法和分子生物学方法检查。

（1）临床样本的采集与处理

①皮屑。疱壁、脓液、深层趾间皮屑或边缘皮屑，取材前用 75％乙醇消毒，做氢氧化钾涂片。同时，种于沙氏琼脂加氯霉素 2 管，置 25℃培养 2 周。

②甲屑。用细锉或牙科磨钻取病甲与正常甲交界处并且贴近甲床部的甲屑，标本用乙醇浸泡待干燥后种于沙氏琼脂培养 4 周，同时做氢氧化钾涂片。

③被毛。取病兔被毛 15 根，用 75％乙醇消毒，3～5 根做直接镜检，5～10 根种于沙氏琼脂（加氯霉素），划破斜面掩埋。

④脓液。无菌采集，注意颗粒，用无菌蒸馏水稀释后寻找。可做革兰氏染色或抗酸染色，常规的氧氧化钾涂片。

⑤血液。无菌抽血 3～5mL，立即置于无菌抗凝管中，37℃下 5～7d 出现浑浊或菌团，挑取镜检。同时，移种沙氏琼脂培养，提高检出率，不做直接检查，因其直接检查阳性率低。

⑥组织。标本置无菌平皿中立即送检，置无菌匀浆器加 2mL 蒸馏水，研磨成浆或 1～2mm 小块，涂片培养。

（2）真菌学检验的基本方法

①直接镜检。直接镜检是最简单也是最有用的实验室诊断方法，常用的方法有以下 3 种：

氢氧化钾与复方氢氧化钾法：标本置于载玻片上，加 1 滴浮载液，盖上盖玻片，放置片刻或微加热，即在火焰上快速通过 2～3 次，不应使其沸腾，以免结晶，然后轻压盖玻片，驱逐气泡并将标本压薄，用棉拭或吸水纸吸去周围溢液，置于显微镜下检查。检查时应遮去强光，先在低倍镜下检查有无菌丝和孢子，然后用高倍镜观察孢子和菌丝的形态、特征、位置、大小及排列等。

浮载液的配制。10%～20%的氢氧化钾溶液配制：氢氧化钾 10～20g，蒸馏水加至 100mL，待氢氧化钾完全溶解后摇匀存放在塑料瓶内，适用于皮屑、甲屑、毛发、痂皮、痰、粪便、组织等的检查。复方氢氧化钾溶液配制：氢氧化钾 10g，二甲基亚砜 40mL，甘油 50mL，蒸馏水加至 100mL，将氢氧化钾先加入 30mL 蒸馏水中溶解后，再依次加入二甲基亚砜、甘油，摇匀后，用蒸馏水加到 100mL，装入塑料瓶内。此配方的优点：配方中加二甲基亚砜，能促进角质的溶解，甘油涂片不易干，不易制成氢氧化钾结晶，氢氧化钾溶液的浓度相对低，腐蚀性也低，为进行大面积普查或大批量采集标本做镜检带来了方便。

胶纸粘贴法：用 1cm×1.5cm 的透明双面胶带贴于取材部位，数分钟后自取材部位揭下，撕去附带在上面的底板纸贴在载玻片上，使原贴在取材部位的一面暴露在上面，再进行革兰氏染色或过碘酸雪夫染色。在操作过程中，应注意双向胶带粘贴在载玻片上时不可贴反，而且要充分展平，否则影响观察。

涂片染色检查法：在载玻片上滴 1 滴生理盐水，将所采集的标本均匀涂在载玻片上。自然干燥后，火焰固定或甲醇固定，再选择适当的染色方法，染色后，以高倍镜或油镜观察。

②真菌培养。从临床标本中对致病真菌进行培养，目的是进一步提高对病原体检出阳性率，以弥补直接镜检的不足，同时确定致病菌的种类。培养方法有多种，按临床标本接种时间，分为直接培养法和间接培养法；按培养方法，分为试管法、大培养和小培养。

直接培养：采集标本后直接接种于培养基上。

间接培养：采集标本后，暂时保存，以后集中接种。

试管法：是临床上最常用的培养方法之一，培养基置于试管中，主要用于临床标本分离的初代培养和菌种保存。

大培养：将培养物接种在培养皿或特别的培养瓶内，主要用于纯菌种的培养和研究。

小培养：主要用于菌种鉴定，大致分为玻片法、方块法和钢圈法3 种。玻片法：在消毒的载玻片上，均匀地浇上熔化的培养基，不宜太厚，凝固后接种待鉴定菌株，置于平皿中，保湿。待有生长后，盖上消毒的盖玻片，显微镜下直接观察，常用米粉吐温琼脂培养基观察白念珠菌的顶端厚壁孢子和假菌丝。方块法：适用于霉菌菌落的培养。取无菌平皿倒入约 15mL 熔化的培养基，待凝固后用无菌小铲或接种刀划成 1cm² 大小的小块。取一小块移在无菌载玻片上，然后在小块上方四边的中点接种待鉴定菌株，盖上消毒的盖玻片，放入无菌平皿中的 V 形玻棒上，底部铺上无菌滤纸，并加入少量无菌蒸馏水，孵育，待菌落生长后直接将载玻片置显微镜下观察。钢圈法：先将固体石蜡加热熔化，取直径约 2cm、厚度约 0.5cm 有孔口的不锈钢小钢圈，火焰消毒后趁热浸入石蜡油，旋即取出冷却，石蜡油即附着于小钢圈中。再取一无菌载玻片，火焰上稍加热，将小钢圈平置其上，孔口向上。小钢圈上石蜡油遇载玻片的热即熔化后凝固，钢圈就会固定在载玻片上。用无菌注射器经孔口注入熔化的培养基，培养基量约占小钢圈容量的 1/2，注意避免气泡。待培养基凝固后取一消毒盖玻片，火焰上加热后，趁热盖在小钢圈表面，也即固定其上。最后用接种针伸入孔口进行接种。这种方法的优点是形成一种封闭式培养，在显微镜下直接观察菌落时可避免孢子吸入人体，而且不易被污染，盖玻片也可取下染色后封固制片保存。

③培养检查。标本接种后，每周至少检查 2 次，观察以下指标：

菌落外观：生长速度，2～7d 为菌落快速生长期。7～14d 为菌落慢性生长期。一般浅部真菌超过 2 周，深部真菌超过 4 周仍无生长，可报告阴性。外观形态，有扁平状、疣状、折叠状和缠结状。菌落大小，用厘米表示，菌落大小与生长速度和培养时间有关。菌落质地，有平滑状、粉状、粒状、棉花状、粗毛状、皮革状、液状和膜状。颜色，不同的菌种表现出不同的颜色，呈鲜艳或暗淡。致病性真菌的颜色多较淡，呈白色或淡黄色，而且其培养基也可变色，如马尔尼菲青霉等。有些真菌菌落不但正面有颜色，其背面也有深浅不同的颜色。菌落的颜色与培养基的种类、培养温度、培养时间、移种代数等因素有关。所以，菌落的颜色虽在菌种鉴定上有重要的参考价值，但除少数菌种外，一般不作为鉴定的重要依据。菌落的边缘，有些菌落的边缘整齐，有些不整齐。菌落的高度和下沉现象，有些菌落下沉现象明显，如黄癣菌、絮状表皮癣菌等，更有甚者菌落有时为之裂开。渗出物，一些真菌如青霉、曲霉的菌落表面会出现液滴。变异，有些真菌的菌落日久或多次传代培养而发生变异，菌落颜色减退或消失，表面气生菌丝增多，如絮状表皮癣菌在 2～3 周后便发生变异。

显微镜检查：可置普通显微镜下直接观察，而试管和平皿培养的菌落则需挑起后做涂片检查。

④组织病理学检查。真菌病的组织病理检查与直接镜检培养同样具

有相当重要的价值，尤其对深部真菌病的诊断意义更大，如用特殊染色可提高阳性率。

真菌的组织病理反应与其他一些疾病的组织病理反应极其相似，往往只有在仔细研究了病理切片并发现了真菌之后才考虑到真菌病的诊断。而在这种情况下，标本已被固定，培养已不可能进行，组织病理切片就成为真菌感染的主要依据。所以，临床上在送病理标本的同时，要尽可能考虑到真菌感染的可能，以便同时采集标本送真菌实验室进行真菌学检查。

各种病原菌基本上形成各自颜色、大小、形状和结构的颗粒，可以初步区别，但最后确定必须依靠真菌培养。

⑤血清学方法。随着诊断技术的进展，以免疫学方法检测真菌病已成为可能，引起深部真菌感染的病原菌主要有白念球菌、曲霉菌和隐球菌等，传统的检测方法主要为血培养和组织活检。但血培养历时太长，且深部真菌感染的病原菌常不易培养成功，阳性率较低。而深部真菌感染的临床征象错综复杂，又使得组织活检缺乏典型病变，影响正确诊断。这些都使得血清学方法所起的作用极为有限。真菌的抗原、抗体及代谢产物的血清学检查用于深部真菌感染的实验室检测，可取得很好的效果。目前常用的免疫诊断方法有以下两种：

特异性抗原的检测：包括乳胶凝集试验、酶联免疫试验和荧光免疫测定法。

特异性抗体检测：由于受检者都为免疫低下病兔，因其致阳性率低，故现已少用。

72. 真菌在组织内一般表现形式有哪些?

（1）孢子　酵母和双相型真菌在组织内表现为孢子。

（2）菌丝　许多真菌在组织中只表现为菌丝。组织中发现无色分隔、分支的菌丝多为念珠菌和曲霉。粗大、不分隔少分支的菌丝为接合菌，多为毛霉、根霉、犁头霉等；粗大、少分支有隔的菌丝为蛙粪霉菌。棕色菌丝为暗色丝孢霉病，由暗色孢科真菌引起。

（3）菌丝和孢子　主要见于念珠菌感染。

（4）颗粒　颗粒为组织内由菌丝形成的团块。

（5）球囊或内孢囊　球囊内含有内孢子，为球孢子菌或鼻孢子菌在组织内的特征性结构。

73. 真菌实验室诊断的注意事项有哪些?

（1）应有独立实验室，不能与其他细菌、病毒等实验室共用，以防发生相互污染。

（2）在每天工作前与工作后，工作台均要用 5%石炭酸或 0.5%过氧乙酸擦拭，如遇操作台被真菌或标本污染，应立即覆盖纸巾，并用 5%石炭酸消毒 20min。切忌工作台污染后即用水冲洗，以免污染扩散。

（3）培养菌检体及真菌感染的物质在丢弃前，必须高压灭菌或焚烧。

（4）在进行真菌检查时，不可试着闻平板培养基特殊的气味。

（5）实验室禁止养花、草、动物等生物，以防实验污染。

（6）工作环境应定期消毒。一般紫外线照射不能杀灭真菌，应用 40%甲醛（可于每平方米空间用 35mL 40%甲醛加 18g 高锰酸钾）在密闭情况下熏蒸 24h，或用环氧乙烷进行消毒，每 2～4 周消毒 1 次。

（7）如果用平板培养基接种标本，必须将平板培养基密封，以免发生危险。在不常做真菌检测的实验室，最安全的培养方法是利用含有棉花塞的试管培养基（使空气能够循环）。

（8）真菌的诊断，需要经验的累积及备有良好的图谱参考书。

74. 怎样进行病毒检验?

（1）采集病料　由于各种病毒在不同组织中含毒量不同，所以必须采取含病毒量最多的组织，并要求病料新鲜。例如，兔病毒性出血症含毒量最多的是肝组织；兔痘病毒在肝、淋巴结、肾等处存在较多。

（2）病毒分离培养　被检材料接种于新鲜琼脂培养基或血清血红素培养基，将结果均为阴性的被检材料磨细或液体材料用无菌生理盐水（pH 为 7.2 左右）、磷酸盐缓冲液稀释 10 倍，用 6 号玻璃滤器过滤，将滤液作为接种材料。同时，在接种液中加入青、链霉素（每毫升 1 000 单位）。

（3）接种　根据接种材料，可将接种分为以下 3 种方式：

①鸡胚接种。取 9～10 日龄的鸡胚，每胚绒尿腔接种 0.2mL，一般在接种后 48～72h 死亡。

②组织细胞接种。用各种动物组织的原代细胞或传代细胞接种，病

毒能在细胞上繁殖，同时能使细胞产生病变。

③动物接种。通常用小鼠、豚鼠和兔接种病料。接种兔一般皮下、肌肉或腹腔注射 0.5mL。有的用豚鼠皮内接种，如水泡性口炎。同时，注意观察试验动物的发病情况和病变。

（4）病毒鉴定　分离得到的病毒材料一般以电子显微镜检查，血清学试验即可确认。进一步可做理化性和生物学特性鉴定。

（5）中和试验　在被检病料上清液中加入等量该病标准高免血清，混匀后 37℃温箱中作用 30min；对照组用生理盐水代替血清。两组材料分别接种易感动物，一般观察 7d。如果血清组获得保护，而对照组发病死亡即可确诊。

75. 兔免疫学诊断有哪些?

免疫学诊断是一种重要的诊断技术，这些方法具有灵敏、快速、简易、准确的特点，用于传染病的诊断，大大地提高了诊断水平，至今应用已十分广泛。在动物传染病的免疫学检验中，除了凝集反应、沉淀反应、补体结合反应、中和反应等血清学检验方法外，还可用免疫扩散、变态反应、荧光抗体、酶标、单克隆抗体等技术。

（1）皮内试验　兔在抗原刺激后，体内产生亲细胞性抗体。当其与相应抗原结合后，肥大细胞和嗜碱性粒细胞脱颗粒释放生物活性物质，引起注射抗原的局部皮肤出现皮丘及红晕，以此便可判断体内是否有特异性抗体存在。皮内试验用于多种蠕虫病，如血吸虫病、肺吸虫病、姜片吸虫病、囊虫病、棘球蚴病等的辅助诊断和流行病学调查。本法简单、快速，尤适用于现场应用，但假阳性率较高。

（2）免疫扩散和免疫电泳

①免疫扩散。一定条件下，抗原与抗体在琼脂凝胶中相遇，在二者含量比例合适时，形成肉眼可见的白色沉淀。本法有 2 种类型：

单相免疫扩散：将一定量的抗体混入琼脂凝胶中，使抗原溶液在凝胶中扩散而形成沉淀环，其大小与抗原量呈正比。

双相免疫扩散：将抗原与抗体分别置于凝胶板的相对位置，二者可自由扩散并在中间形成沉淀线。用双相免疫扩散既可用已知抗原检测未知抗体，也可用已知抗体检测未知抗原。

②免疫电泳。免疫电泳是将免疫扩散与蛋白质凝胶电泳相结合的一项技术。事先将抗原在凝胶板中电泳，之后在凝胶槽中加入相应抗体，

抗原和抗体双相扩散后，在比例合适的位置，产生肉眼可见的弧形沉淀线。

免疫扩散和免疫电泳，除可用于某些寄生虫病的免疫诊断外，还可用于寄生虫抗原鉴定和检测免疫血清的滴度。

（3）间接红细胞凝集试验 以红细胞作为可溶性抗原的载体并使之致敏。致敏的红细胞与待异性抗体结合而产生凝集，抗原与抗体间的特异性反应即由此而显现。常用的红细胞为绵羊或 O 型人红细胞。

间接红细胞凝集试验操作简便，特异性和敏感性均较理想，适宜寄生虫病辅助诊断和现场流行病学调变。现已用于诊断疟疾、阿米巴病、弓形虫病、血吸虫病、囊虫病、旋毛虫病、肺吸虫病和肝吸虫病等。

（4）间接荧光抗体试验 本法用荧光素（异硫氰酸荧光素）标记第二抗体，可以进行多种特异性抗原抗体反应，既可检测抗原又可检测抗体。本法具有较高的敏感性、特异性和重现性等优点，除可用于寄生虫病的快速诊断、流行病学调查和疫情监测外，还可用于组织切片中抗原定位以及在细胞和亚细胞水平观察与鉴定抗原、抗体和免疫复合物。在诊断方面，已用于疟疾、丝虫病、血吸虫病、肺吸虫病、华支睾吸虫病、包虫病及弓形虫病。

（5）对流免疫电泳试验 对流免疫电泳试验是以琼脂或琼脂糖凝胶为基质的一种快速、敏感的电泳技术。既可用已知抗原检测抗休，又可用已知抗体检测抗原。反应结果可信度高，适用范围广。以本法为基础改进的技术有酶标记抗原对流免疫电源和放射对流免疫电泳自显影等技术。二者克服了电泳技术本身不够灵敏的弱点。本法可用于血吸虫病、肺吸虫病、阿米巴病、贾第虫病、棘球蚴病和旋毛虫病等的血清学诊断及流行病学调查。

（6）酶联免疫吸附试验 酶联免疫吸附试验原理是将抗原或抗体与底物（酶）结合，使其保持免疫反应和酶的活性。把标记的抗原或抗体与包被于固相载体上的配体结合，再使之与相应的无色底物作用而显示颜色，根据显色深浅程度目测或用酶标仪测定吸光度值判定结果。本法可用于宿主体液、排泄物和分泌物内特异抗体或抗原的检测。已用于多种寄生虫感染的诊断和血清流行病学调查。

（7）免疫酶染色试验 免疫酶染色试验以含寄生虫病原的组织切片、印片或培养物涂片为固相抗原，当其与待测标本中的特异性抗体结合后，可再与酶标记的第二抗体反应形成酶标记免疫复合物。后者可与酶的相应底物作用而出现肉眼或光镜下可见的呈色反应。本法适用于血吸虫病、肺吸虫病、肝吸虫病、丝虫病、囊虫病和弓形虫病等的诊断及流行病学调查。

(8) 免疫印迹试验 免疫印迹试验又称免疫印渍,是由十二烷基硫酸钠-聚丙烯酸氨凝胶电泳、电转印及固相酶免疫试验 3 项技术结合为一体的一种特殊的分析检测技术。本法具有高度敏感性和特异性,可用于寄生虫抗原分析和寄生虫病的免疫诊断。

76. 怎样检查兔的寄生虫?

(1) 体内寄生虫检查 体内寄生虫大部分寄生于兔的消化道内,其虫卵、卵囊及幼虫,都可随粪便排出体外。粪便检查是内寄生虫病实验室诊断的主要手段,分为虫卵、虫体检查,以虫卵检查为主。

①虫卵检查。虫卵检查分为涂片法和漂浮法。

涂片法:在载玻片上滴 1～2 滴生理盐水或清水,用牙签挑取少量粪便加入其中混匀,除去多余的粪渣后均匀涂上一薄层,加盖玻片,置显微镜下观察,每一份样品检查 3 张。

漂浮法:取粪便 5～10g,用 10 倍量的饱和盐水加入其中制成粪水,过滤去渣,滤液静置 30min 后,用直径 5～10mm 的细铁丝圈与液面平行接触,液膜置于载玻片上,加盖玻片镜检。

②虫体检查。虫体检查临床上最常用的方法是沉淀法。主要检查粪便中的蠕虫虫体、线虫幼虫。

蠕虫虫体检查:将兔粪数克盛于盆中,加 10 倍生理盐水,搅拌均匀,静置沉淀 20min,弃去上清液。将沉淀物重新加入生理盐水,搅拌均匀,静置后弃去上清液,如此反复 2～3 次,最后弃去上清液,挑取少量沉渣置于黑色背景上,用放大镜寻找虫体。

线虫幼虫检查:取兔粪 3～10 个粪球放在培养皿中,加入适量的 40℃温水,静置 10～15min 后,取出粪球,粪便中的幼虫会沉入底部,取沉渣在低倍镜下检查,可检出幼虫。

(2) 体外寄生虫检查 体外寄生虫是指体表寄生的螨、虱、蚤、蝇蛆等。一些大型寄生虫可直接眼观;小的只能镜检,如螨虫。常用体外寄生虫检查方法有直接检查法和涂片法。

①直接检查法。将皮屑置于涂有凡士林的培养皿或玻璃板上,使其呈一薄层,用热水或火焰加热到 40～50℃,30～40min 后除去皮屑,用肉眼或放大镜在黑色背景下检查,可见白色虫体蠕动。

②涂片法。在兔体患部，先去掉干硬痂皮，以小刀刮取病料，放在杯中，加适量的 10％氢氧化钾溶液，稍微加温，20min 后待皮屑溶解，取沉渣涂片镜检。

77. 兔亚硝酸盐中毒如何检验?

（1）检验样品处理　取胃内容物、呕吐物、剩余饲料等约 10g，置一小烧瓶内，加蒸馏水及 10％醋酸溶液数毫升，使呈酸性，搅拌成粥状，放置 15min 后，过滤，所得滤液供定性检验用。

（2）定性检验

①格瑞斯反应。原理：亚硝酸盐在酸性溶液中，与对氨基苯磺酸作用产生重氮化合物，再与 α-甲萘胺耦合时产生紫红色耦氮素。试剂：格瑞斯试剂，称取 α-甲萘胺 1g、对氨基苯磺酸 10g、酒石酸 89g，共研磨，置棕色瓶中备用。操作方法：将格瑞斯粉置于白瓷反应凹窝中适量，加入被检液数滴，如现紫红色，则为阳性。

②联苯胺冰醋酸反应。原理：亚硝酸盐在酸性溶液中，将联苯胺重氮化成醌式化合物，呈现棕红色。试剂：联苯胺冰醋酸试剂，取联苯胺 0.1g，溶于 10mL 冰醋酸中，加蒸馏水至 100mL 过滤储存于棕色瓶中备用。操作方法：取被检液 1 滴置白瓷反应板凹窝中，再加联苯胺冰醋酸液 1 滴，呈现棕黄色或棕红色为阳性反应。

注意：格瑞斯反应十分灵敏，只有强阳性反应才可证明为亚硝酸盐中毒。反应微弱时，需要用灵敏度较低的方法进行检验。

78. 兔氢氰酸和氰化物中毒如何检验?

兔氢氰酸和氰化物中毒后，进行定性检验，可用改良普鲁士法。

（1）原理　氰离子在碱性溶液中与亚铁离子作用，生成亚铁氰复盐。在酸性溶液中，遇高铁离子即生成普鲁士蓝。

（2）试剂　10％氢氧化钠溶液、10％盐酸溶液、10％酒石酸溶液、20％硫酸亚铁溶液（临用时配制）。用定性滤纸一块，在中心部分依次滴加 20％硫酸亚铁溶液及 10％氢氧化钠溶液，制成硫酸亚铁-氢氧化钠试纸。

（3）操作　取检验样品 5～10g，切细，放入小烧瓶内，加蒸馏水调成粥状。再加 10％酒石酸溶液适量使呈酸性，立即在瓶口上盖上硫酸亚铁-氢氧化钠试纸，用小火徐徐加热煮沸数分钟后，取下试纸。在其中心滴加10%盐酸，如有氢氰酸或氰化物存在，则出现蓝色斑。

79. 兔有机磷农药中毒如何检验?

（1）检验样品处理　取胃内容物等适量，加10%酒石酸溶液使呈弱酸性，再用苯淹没，浸泡半天，并经常搅拌，过滤。残渣中再加入苯提取一次，合并苯液于分液漏斗中，加20%硫酸反复洗去杂质并脱水。将苯液移至蒸发皿中，自然挥发近干，再向残渣中加入无水乙醇溶解后，供检验用。

（2）定性检验

①硝基酚反应法。原理：有机磷农药在碱性溶液中水解后，生成黄色对硝基酚钠，加酸可使黄色消失，加碱可使黄色再现。试剂：10%氢氧化钠溶液、10%盐酸。操作方法：取处理所得供检液2mL于小试管中，加10%氢氧化钠溶液0.5mL，如存在有机磷农药即显黄色，置水浴中加热，则黄色更加明显。再加10%盐酸后，黄色消退，又加10%氢氧化钠溶液后又出现黄色。如此反复3次以上均显黄色者为阳性；否则，为假阳性。

②亚硝酰铁氰化钠法。原理：有机磷农药在碱性溶液中水解生成硫化物，与亚硝酰铁氰化钠作用生成紫红色的络合物。试剂：10%氢氧化钠溶液、1%亚硝酰铁氰化钠溶液。操作方法：取供检液2mL，自然挥发干，加蒸馏水1mL溶于试管中，加5%氢氧化钠溶液0.5mL，使呈强碱性，在沸水浴上加热5～10min，取出放冷。再沿试管壁加入1%亚硝酰铁氰化钠溶液1～2滴，如在溶液界面显红色或紫红色，为阳性。说明样品中含有1509、三硫磷、乐果等。

③间苯二酚法。原理：敌敌畏、敌百虫在碱性条件下水解生成二氯乙醛，与间苯二酚缩合成红色产物。试剂：5%氢氧化钠乙醇溶液（现配）、1%间苯二酚乙醇溶液（现配）。操作方法：取定性滤纸3cm×3cm一块，在中心滴加5%氢氧化钠乙醇溶液1滴和1%间苯二酚乙醇溶液1滴，稍干后滴加检液数滴，在电炉或小火上微微加热片刻，如有敌百虫或敌敌畏存在时则呈粉红色。

敌百虫与敌敌畏的鉴别：在点滴板上加1滴样品，使之挥发干后，于残渣上加甲醛硫酸试剂（每毫升硫酸中加40%甲醛1滴）1滴，若显橙红色为敌敌畏，若显黄褐色为敌百虫。

80. 兔灭鼠药中毒如何检验?

(1) 磷化锌中毒的检验 检验样品以剩余饲料为最好,其次是呕吐物和胃内容物。对呕吐物和胃内容物的检验应及时进行。

①磷的检验。采用硝酸银试纸法和溴化汞试纸法检验。取检验样品10g放入三角瓶中,加水搅拌成粥状,瓶口塞上软木塞内装两个玻璃管,管内塞入疏松的碱性醋酸铅棉花,上面分别放入硝酸银试纸条和溴化汞试纸条,然后于瓶中注入10%盐酸5mL,套入黑纸套,在50℃水浴上加热30min。若有磷化物存在,硝酸银试纸条变黑色,溴化汞试纸条变黄色。阴性反应时,两种试纸条均不变色。

②锌的检验。显微结晶法,取检验溶液1滴(检磷用的检验溶液可直接过滤经蒸发浓缩后使用),在载玻片上蒸发近干,冷后加1滴硫氰汞铵试剂,在显微镜下观察。如有锌存在,立即生成硫氰汞锌结晶,呈特殊十字形和树枝突起状。亚铁氰化钾反应,磷化锌在酸性条件下生成磷化氰,将反应后的检验样品进行过滤或取有机质破坏后的溶液2mL,置小试管中,加5%亚铁氰化钾溶液,如有锌存在产生白色沉淀,再加10%氢氧化钠时沉淀溶解。

(2) 敌鼠及其钠盐检验

①三氯化铁试验。取供检残渣,加无水乙醇1.5mL溶解,加9%三氯化铁溶液1滴,如显红色,则为敌鼠或敌鼠钠的阳性反应。

②硝化反应。将残渣置于蒸发皿中,加10~20滴浓硝酸溶解残渣,然后在沸水浴上加热至干,取下,放冷,滴加2%醇性氢氧化钾数滴。如有敌鼠,即呈蓝色。

四、兔病防控实用技术篇

（一）消毒实用技术

81. 兔场常见的消毒方法有哪些？

消毒就是清除病原。常用的消毒方法按其原理分为 3 大类：物理消毒法、化学消毒法和生物热消毒法。

（1）物理消毒法

①机械性消毒法。机械性消毒法主要包括清扫、冲洗、擦拭、通风换气等，是最基础最常用的消毒方法。机械性消毒法不能杀灭病原体，而是通过减少环境中的病原体数量，达到减少病原体感染机会的目的。同时，可以为兔创造一个干净舒适的环境。

②日光暴晒。日光暴晒具有加热、干燥和紫外线杀菌 3 个方面的作用，具有一定的杀菌能力。日光暴晒 2～3h 可以杀死某些病原体。此法适用于产箱、垫草、饲草和饲料等的消毒。

③紫外灯照射。紫外灯发出的紫外线可杀灭一些微生物，主要用于更衣室、出入舍通道等的消毒，一般照射时间不少于 30min。

④煮沸。煮沸 30min，可消灭一般微生物。此法适用于注射器、针头、部分玻璃、金属器皿等小器械的消毒。

⑤火焰消毒。火焰消毒是一种最彻底而简便的消毒法。用喷灯、火焰消毒器等直接喷烧笼位、笼底板或产箱，可杀灭所有细菌、病毒和寄生虫等病原体。尤其是喷灯火焰，温度可达 400～600℃，对病菌、虫卵和病毒均有极强的杀灭作用（图 4-1）。主要用于砖、石、金属制兔笼和部分笼具的消毒，但要注意防火。

图 4-1　火焰消毒

（2）化学消毒法　化学消毒法是利用一些对人、兔安全无害，对病原微生物、寄生虫等有杀灭或抑制效果的化学药物进行消毒的方法。此法在兔生产中被广泛使用，不可或缺。

（3）生物热消毒法　生物热消毒法是利用土壤等自然界的嗜热菌，参与到兔粪尿及兔舍垃圾（饲草、饲料残渣废物）的堆肥发酵，利用其产生的大量生物热来杀灭多种非芽孢菌、球菌等和寄生虫的消毒法。

82. 兔场环境常用的消毒剂有哪些？

理想的消毒剂应对人、兔无毒性或毒性较小，而对病原微生物有强大的杀灭作用，且不损伤笼具、易溶于水、廉价易得。

（1）季铵盐类　常用的季铵盐类消毒剂是一种阳离子型表面活性剂。该类消毒剂低浓度有效，副作用小、无色、无臭味、无刺激性、低毒安全，可用于兔笼舍、用具、环境及皮肤、伤口消毒。目前，常见的季铵盐类消毒剂有百毒杀、百毒杀 S、新洁尔灭、苯扎溴铵等。

（2）酚类　酚类消毒剂能使病原微生物的蛋白变性、沉淀而起杀菌作用，具有广谱、高效、低毒、无腐蚀性等特点。目前，常见的酚类消毒剂主要有苯酚、复合酚、煤酚、来苏儿等。其中，复合酚能杀灭芽孢、病毒和真菌，是被广泛使用的环境消毒剂。

（3）醛类　醛类的杀菌作用也是较强的，如甲醛、戊二醛、邻苯二甲醛等，其中最常用的是甲醛（福尔马林）。随着生产技术的进步和养殖业的发展需要，戊二醛、邻苯二甲醛等高效消毒剂也被广泛应用于环境消毒。

（4）碱类　碱类消毒作用的机理是阴性氢氧根离子能水解蛋白质和核酸，使细菌酶系统和细胞结构受损害，同时碱还能抑制细菌的正常代谢机能，分解菌体中的糖类，使菌体失活；它对病毒也具有强大的杀灭作用，可用于许多病毒性传染病的消毒，高浓度碱液也可杀灭芽孢。碱类消毒剂最常用于兔饲养过程中场区及圈舍地面、污染设备（防腐）及各种物品以及含有病原体的排泄物、废弃物的消毒。常见的碱类消毒剂有生石灰（氧化钙）、烧碱（氢氧化钠）、草木灰（氢氧化钾）等。

（5）氧化剂类　这是一类含不稳定的结合态氧的化合物，遇到有机物或酶即可放出初生态氧，而后破坏菌体的活性基因，发挥消毒作用。

该类消毒剂高效但腐蚀性强，多用于场区地面、粪尿沟及排泄物的消毒，部分也可用于饮水消毒和皮肤消毒，不能用于金属笼具和器材的消毒。氧化剂类消毒剂多不稳定，有效期较短，宜现买（配）现用。常见的氧化剂类消毒剂有漂白粉、过氧乙酸、高锰酸钾、过氧化氢等。

（6）卤素类　卤素对细菌原生质及其他结构成分有高度的亲和力，易渗入细胞，之后与菌体原浆蛋白的氨基或其他基团相结合，使其菌体有机物分解或丧失功能而呈现杀菌作用。在卤素中，氟、氯的杀菌力最强，其余依次为溴、碘，但氟和溴一般消毒时不用。卤素多具有氧化性，常用于场区地面消毒，部分低氧化性消毒剂可用于皮肤等消毒。常见的该类消毒剂包括 84 消毒液、次氯酸钠溶液、碘酊、碘伏、复方络合碘等。

83. 兔常用的皮肤、黏膜、创口消毒剂有哪些？

（1）酒精（乙醇）　酒精能使蛋白质变性或沉淀，是兔场最常用的皮肤消毒剂，无毒副作用，具有较强的抑菌杀菌作用。市面常售的酒精为 95% 的浓度，可直接用于酒精灯作火焰消毒，用作皮肤、器械的消毒时，需稀释成 70%～75% 的浓度，此浓度范围内消毒效果最佳。75% 酒精的配置方法：取 78.9mL 95% 的酒精，加水至 100mL 即可。

（2）碘酒（碘酊）　碘酒为红棕色的液体，主要成分为碘、碘化钾，是兔场必备的消毒剂之一。对细菌、病毒、芽孢、真菌和原虫等均具有强大的杀灭作用，对新创伤还有一定的止血作用。兔用碘酒一般为 2%～3% 的浓度，用于注射部位及手术部皮肤、器械的消毒。配置方法：碘化钾 1g，用少量蒸馏水溶解，再加碘片 2g 与适量 70%～75% 的酒精，搅拌至溶解后，继续加同一浓度酒精至 100mL 即成。

（3）高锰酸钾（俗称锰强灰）　高锰酸钾是一种强氧化剂，具有杀菌、除臭等作用，易溶于水。用于口腔、阴道、泌尿道等的洗涤消毒，还用于阴道炎、子宫炎、外伤和肠炎等的治疗。一般用 0.1%～0.5% 的水溶液冲洗黏膜、伤口或化脓灶，达到消毒及收敛的作用，药效比过氧化氢（双氧水）持久。

（4）新洁尔灭　新洁尔灭是表面活性洁净消毒剂，对许多非芽孢型病菌及霉菌经数分钟接触立即杀死。作用快，毒性低，对组织无刺激作用。0.01%～0.05% 的浓度用于黏膜和创面冲洗，0.05%～0.1% 的浓度用于浸泡消毒医疗器械或其他器械，0.1% 的浓度主要用于皮肤、手术部位的消毒。

（5）过氧化氢（双氧水）　市面常售的是含 26%～28% 过氧化氢的水溶液，用于清洗深部化脓创伤。

84. 兔场饮水的消毒剂有哪些?

兔场饮水消毒是将消毒药物按规定比例加入水中，消毒一定时间后使用。常用的消毒剂有漂白粉、高锰酸钾等。

（1）漂白粉　每 50L 水加入 1g 漂白粉，搅匀后 30min 可饮用。

（2）高锰酸钾　在饮水中加入高锰酸钾，使饮水中高锰酸钾终浓度为 0.01% 即可。

85. 影响消毒效果的因素有哪些?

（1）消毒剂作用时间　一般情况下，消毒效果与消毒剂作用时间呈正比。消毒剂与病原微生物接触时间越长，消毒效果越好；作用时间过短，则达不到消毒目的。

（2）消毒剂浓度　一般情况下，消毒剂浓度越高，杀菌力越强。但对活体的毒性也就越大，消毒成本也相应增大。部分消毒剂则有最适杀菌浓度，如酒精的最高杀毒浓度在 70%～75%，超过或降低浓度均会使消毒效果降低。因此，最好参照所用消毒剂使用说明书配成有效浓度进行消毒。

（3）消毒周期　消毒周期是指两次消毒之间的时间间隔。每进行一次消毒后，环境中病原微生物在较短时间内迅速降低，甚至消除。但随着时间推移，消毒剂失效或挥发，环境中病原微生物会逐渐增加。到一定时间后，达到危害兔健康的程度，需进行再一次消毒。因此，消毒周期越短，环境中的病原微生物数量越少，消毒效果越好。

（4）温度　消毒剂杀菌效果与温度呈正比，温度越高，杀菌效果越强。因此，夏季消毒效果强于冬季。

（5）环境中有机物　当环境中存在大量有机物如粪、尿、污血、炎性渗出物等时，会阻碍消毒剂与病原微生物的直接接触，影响消毒效果。同时，这些有机物还会吸附甚至与消毒剂发生反应，中和消毒效果，使杀菌能力减弱。因此，在进行消毒时应先清除污物，尽量干燥后再进行消毒。

86. 兔场应如何进行消毒?

（1）消毒池消毒　入场口应设消毒池，池内装 2% 烧碱或 5% 来苏儿供入场车辆进行消毒。

（2）消毒间消毒　进出场的人员通道应设消毒间，消毒间内密闭进行喷雾消毒或紫外灯消毒。

（3）常规定期消毒　兔舍、兔笼、用具应每月进行一次彻底大清扫，每周进行一次重点消毒，每天进行清洁卫生打扫。消毒前，应先进行彻底清扫、冲洗，晾干后再进行消毒。发生疫情时，兔场所有用具应 3d 消毒一次；疫情扑灭后或封锁解除前，要进行一次终末消毒。可选用 100～300 倍稀释的菌毒敌、2% 烧碱水、50% 石灰乳、0.1% 百毒杀 S、30% 热草木灰水、20% 漂白粉水、0.5% 过氧乙酸溶液等。兔笼、笼底板、用具应先清洗，晾干后再用药物、火焰或者阳光暴晒消毒。木制品可用 2% 烧碱水、0.5% 过氧乙酸溶液、0.1% 新洁尔灭、0.1% 百毒杀 S 等进行消毒。金属用具应使用 100～300 倍稀释的菌毒敌、2% 烧碱水、50% 石灰乳、0.1% 新洁尔灭、0.1% 百毒杀 S 进行消毒。皮毛消毒，可用 1% 石炭酸溶液浸泡、福尔马林或环氧乙烷熏蒸消毒。粪便或污物消毒，可用烧碱、深埋或生物发酵消毒。饮水消毒，在 50L 水中加入 1g 漂白粉。

（4）带兔消毒　可用 0.2% 过氧乙酸溶液或 0.1% 百毒杀 S 进行消毒。

（5）饲养人员衣物和手　用 2% 来苏儿或 0.1% 新洁尔灭消毒，工作服可用肥皂水煮沸或高压蒸汽消毒。

87. 怎样做好规模化养兔场日常消毒防疫?

（1）进入兔场大门侧，设立消毒通道，每幢兔舍门口应设消毒池，每 3～5d 更换一次消毒液。

（2）兔舍每天清扫一次粪便，冲洗一次粪沟，打扫一次卫生。同时，保证兔舍冬暖夏凉、通风良好。

（3）一切人员入兔舍前要穿好工作服、戴好工作帽和鞋套（工作鞋），经消毒通道紫外线消毒、消毒剂洗手后，方能入舍。

（4）非饲养人员未经许可不得进入兔舍。严禁兔皮（肉）商贩进入场区。严禁参观。

（5）兔粪应堆积发酵，严禁直接用于兔场种植青饲料肥料。

（6）病死兔应集中深埋或焚烧，严禁乱丢乱扔、取皮或食用。

（7）场内工作人员严禁串用器械等用具、严禁串舍。

（8）兔舍及兔场周边定期消毒。冬天每月消毒一次，夏天每半月消毒一次。

（9）兔场严禁养犬、鸡、猫等动物，定期灭鼠、灭蚊、灭蝇。

（10）发现病兔及时隔离，并报告兽医诊治。

（11）不喂腐烂、变质、发酵、霜冻、有毒草料及露水草等，保持饮水清洁。

（12）加强饲养管理，严格按饲养规程操作，提供营养丰富的饲草料，增强兔群的抵抗力。

（13）定时做好兔群免疫接种和药物预防。

（14）引入种兔应隔离观察 30d，确认健康无病后并群。

（二）药物实用技术

88. 药物对兔的作用有哪些？

药物小分子与机体细胞大分子之间的初始反应，称为药物作用。药理效应是药物作用的结果，表现为机体生理生化功能的改变。但在一般情况下不能把二者分开，二者互相通用。根据兔用药的目的和效果，将药物作用分为防治作用和不良反应。

（1）**防治作用** 防治作用是指兔用药后能达到防治疾病的目的，即预防作用和治疗作用。预防作用的常用药物有兽用生物制品、抗微生物药物和抗寄生虫药物。根据药物作用达到的治疗效果，可分为对因治疗和对症治疗。对因治疗是指药物作用能消除原发致病因子的药物，如抗生素类药物杀灭体内的致病微生物，解毒药促进体内毒物的消除等。对症治疗仅能改善疾病症状，如解热药退烧，止咳药减轻咳嗽症状等。休克、心力衰竭、惊厥等情况必须立即采取有效的对症治疗，此时对症治疗比对因治疗更为迫切。

（2）**不良反应** 药物在防治兔疾病的同时表现出不利于机体的反应称为不良反应，药物的不良反主要包括以下 4 种：

①副作用。副作用是指药物的治疗剂量所引起的与防治目的无关的

作用。副作用是药物所固有的药理作用，与药物的选择作用低、作用范围广有关。其危害一般较毒性反应小，因此是可预知的，一般都较轻微，停药后可自然恢复。

②毒性反应。药物过量或反复应用对机体所产生的严重的功能紊乱、组织器官损害的作用，称为毒性反应。剂量不当是引起毒性反应的主要原因。一次用量过大而立即发生中毒者，称为急性中毒。长期用药而蓄积后逐渐产生中毒者，称为慢性中毒。为了防止毒性反应，应严格掌握用量或用药间隔时间。另外，需注意某些药物的致畸、致癌、致突变作用。

③过敏反应。过敏反应是指机体对某些抗原初次应答后，再次接受相同抗原刺激时，发生的一种以机体生理功能紊乱或组织细胞损伤为主的特异性免疫应答，又称为变态反应。一般表现为皮疹、支气管哮喘、血清病综合征以至过敏性休克。可皮下或静脉注射肾上腺素进行抢救。

④继发反应。继发反应是指由于药物应用治疗疾病而造成的不良后果，如长期应用广谱抗生素时，体内敏感细菌被抑制，不敏感的细菌趁机大量繁殖，又引起新的感染，称为"二重感染"。此反应是继发于药物治疗作用之后的一种不良反应，是治疗剂量下治疗作用本身带来的后果，又称为治疗矛盾。如长期使用环丙沙星可引起由耐药菌或酵母样真菌导致的双重感染。

89. 影响药物作用的因素有哪些?

影响药物作用的因素很复杂，许多因素都可能干扰或影响这个过程，使药物的效应发生变化。这些因素主要包括药物方面、动物方面、饲养管理和环境因素等。

（1）药物方面

①药物的理化性质。药物的稳定性、酸碱度和解离度等，以及药物的溶解度（脂溶性、水溶性）、挥发性和吸附力等，都能影响药物的作用。有些药物是通过其物理性状而发挥作用的。

②剂量和剂型。药物的剂量是用药的关键因素，准确地选择用量才能获得预期药效。在安全范围内，药物的作用也因剂量大小不同而有差异。一般表现为量的差异，即剂量越大，血药浓度越高，作用越强。但有的药物随剂量由小到大，其作用会发生质的变化。不同药物剂型，其吸收速度不同，必然会影响到药物作用的速度和强度。

③给药途径。不同给药途径会影响药物吸收的量、吸收速度和血液中的药物浓度。个别药物因不同给药途径，会影响药物作用的性质。至于临床应采取哪一种给药途径，则应根据疾病的具体情况和需要来决定。

④用药时间、次数和疗程。用药的时间和次数主要取决于病情的需要。为了使药物在一定时间内持续地发挥作用，一般需要重复给药。给药的间隔，主要是根据药物在体内转化和排泄的快慢，须参考药物的半衰期而定。对多数药物往往内服（每天 3 次），或注射（每天 2 次），以保证药物在体内维持有效浓度。为了疾病进一步好转，可连续用药一定时间段，称这个时间段为疗程。少数药物连续使用后，机体对药物的作用逐渐降低或减弱，从而在机体内产生耐药性。因此，应根据病情的实际情况，确定用药时间、次数和疗程。

⑤联合用药。为了增强药效或减少药物的不良反应，在临床上常采用联合用药。联合使用两种以上的药物时，使两药合用时引起的效应大于各药单用时效应的总和，称为协同作用（相加作用和增强作用），如磺胺类药与增效剂合用，可提高药效 10 多倍；能使药效减弱的称为拮抗作用，如阿托品可解除吸入性麻醉药所引起的支气管腺体分泌增加。但是，应注意在联合用药时有可能产生的疗效性、物理性和化学性的配伍禁忌。由于药物的各种理化性质不同，相互配伍时可能出现沉淀、变色、析出、吸附、潮解、熔化以及产气、燃烧或爆炸等物理、化学变化，使药效减弱或失效，甚至毒性增加，属于物理性配伍禁忌和化学性配伍禁忌。兽医临床上采取复方制剂或多种注射液联合应用时，应特别注意物理性、化学性的配伍禁忌。

（2）动物方面

①种属差异。不同的动物种类，其解剖结构、生理机能、生化反应不同，对同一药物的敏感性存在着差异；同种动物的不同品种对药物的敏感性也不相同。

②个体差异。不同动物存在个体差异，应用药物的小剂量就出现剧烈反应乃至中毒（高敏性）；应用药物超过中毒量，反应也不很明显（耐受性）。因此，应根据个体情况制订用药方案。

③年龄、性别、体重差异。一般来说，幼龄、老龄动物和母畜（尤其在孕期）对药物比较敏感。在同一种动物，因年龄、性别、体重差异，对药物的反应差别也很大，应按实际情况进行用药。

④动物的异常状态。对体质弱、营养不良、病理状态、过度劳役的

动物，用药物后药物的作用存在较大差异，易出现不良反应。因此，疾病可改变机体对药物的敏感性和体内过程而影响药物效应。

（3）饲养管理和环境因素　良好的饲养和管理水平是动物健康的根本保障。饲养管理条件（饲喂方法、饮水、饲养密度、饲料、运输等）和外界环境（温度、湿度、噪声、光照、空气质量等）会改变动物机体的生理状态，从而影响动物和环境对药物的敏感性。

90. 兔常用药品分类有哪些?

根据兔常用药品，可以分为3大类：

（1）生物剂类　根据免疫学原理，利用微生物本身或其生长繁殖过程中的产物为基础制成的药品，主要包括供预防传染病用的菌苗、疫苗或内毒素，供治疗或紧急预防用的抗病血清和抗毒素。

（2）化学制剂类　指用于治疗和诊断动物疾病或有目的地调节动物生理机能，促进动物生长、繁殖和生产性能的化学物质，主要有消毒剂、抗生素、磺胺类、氟喹诺酮类、抗真菌类、抗球虫类。

（3）中兽药类　指兽医使用的中药材、中成药等。

91. 规模化养兔用药的基本原则是什么?

（1）发现病例及时用药　兔是一种小家畜动物，对疾病的抵抗力不很强，受细菌或病毒感染后，一般发病急、病程短。在出现症状后早期用药，治愈率比中后期高2～3倍。特别是对于腹泻病，早期用药的疗效非常高；如果在后期用药，治愈的可能性小。

（2）做到用药剂量准确　选择药物，按规定剂量的最大用量使用。对于磺胺类药物，首次使用加倍剂量。另外，用药的疗程一定要够，不要只用1次或2次就不用了；否则，剂量不够或疗程不够，会使一些病原体在机体内产生耐药性，给下一次治疗带来困难。

（3）选择合理的给药途径　在给兔口服或静脉注射时，速度不要太快。口服时太快容易误入气管，造成异物性肺炎；静脉注射时，如果速度太快容易造成生命危险，使心脏短时间内缺氧窒息而死。

（4）尽量选用复合药物　在用药时，最好选用联合用药或复合药物制剂，一般不单独使用某一种药物。因为兔病在临床上常常是并发出现，单一出现一种疾病的现象较少，所以在选择药物时要求副作用小，能产生药效相加的协同作用，使药物配伍后发挥出最佳作用，使疾病在短时间内就很快治愈。

92. 怎样给兔进行合理用药？

合理用药是指在用药时必须做到药物选择正确、剂量适当、给药途径适宜、配方用药合理。其目的是充分发挥药物的作用，尽量减少药物对兔所产生的毒性和副作用，从而迅速有效地控制疾病的发展，保护兔健康。

明确诊断有的放矢。如普通肠炎或球虫等引起的拉稀，倘若没有作出正确诊断前，便盲目地给予大量的抗生素等，是不会达到治愈的目的。诊断虽然正确，但选药用药不当也会延误病情，达不到尽快治愈的目的。

从整体出发，抓住主要致病因素。该治本（本：中医指产生疾病的根本原因，也就是指造成疾病的主要矛盾）时，不能单纯防标（标：中医泛指疾病的临床症状，是指表面现象，由本产生的次要矛盾）。如球虫引起的腹泻，单纯地用止泻药治疗腹泻（治标）是无济于事的，必须采用球虫药治本。

熟悉药物性能，以便正确地选择药物、确定剂量和给药途径，进行合理配伍。

93. 药物剂量的种类有哪些？

（1）最小有效剂量　这是指使用的药物的剂量能够开始出现药效。这种剂量一般比较小，它仅仅开始发生对疾病的治疗作用，而未能达到充分治疗疾病的效用。

（2）常用剂量　这是指所使用的药物已达到充分治疗疾病的剂量。常用剂量比最小有效剂量要高。

（3）极量　这是指用药已达到最高的限量。使用药物一般不宜用极量，超过极量是很不安全的。

（4）最小中毒量　这是指使用的药物已超过极量，达到兔已开始出现中毒的剂量。

（5）中毒量与致死量　中毒量与致死量比最小中毒量更高，足以使兔发生中毒与死亡。

94. 如何确定兔用药剂量?

给兔防病治病,使用药物必须认真计算剂量,也就是药的用量。不同药物给药剂量不同,同一种药物给药途径不同,剂量也不同。药物的剂量通常指防治疾病的用量。用药量过小,不但不能收到预期的治疗效果,而且耽误了治病时机,使疾病得到进一步发展;用药量过大,不仅耗费了过多的药费,而且可能发生不良作用,引起中毒,甚至危及兔的生命。使用多大剂量合适,各种药物没有统一标准,能够获得最佳疗效而无不良反应的剂量则为适宜剂量,也被称作常用剂量。

临床用药应做到安全有效,必须严格掌握药物的剂量范围,用药剂量准确,并按规定的时间和次数用药。对安全范围小的药物,应按规定的用法用量使用,不可随意加大剂量。总之,在给兔治病时,用药的剂量应该选择在安全范围内,通常采用常用剂量。

95. 兔常用的给药途径有哪些?

根据病情、药物的性质及兔个体的大小等,给药途径可分为口服给药、注射给药、灌肠给药和局部给药等。

(1) 口服给药 优点是操作简便、经济安全,适用于多种药物,尤其是治疗消化道疾病的药物。缺点是药物易受胃肠内微环境的影响,药效较慢,药物吸收不完全。口服给药包括以下 4 种方法:

①自由采食法。适用于毒性小、适口性好、无不良异味的药物,或兔患病较轻、尚有食欲或饮欲时。应根据采食量、用药量,确定饲料、饮水中的药物浓度。必须将药物均匀地混于饲料或饮水中。本法多用于大群预防性给药或驱虫。

②投服法。适用于药量小、有异味的片(丸)剂药物,或食欲废绝的病兔。助手保定病兔,操作者一只手固定头部并捏住兔面颊使口张开,另一只手用镊子或筷子夹住药片,送入病兔会咽部,让兔吞下(图4-2)。

③灌服法。适用于有异味的

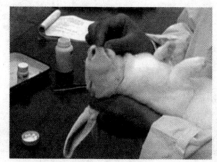

图 4-2 投服法

药物或食欲废绝的病兔。方法：将粉状药（片剂应研细）加少量水调匀，用汤匙倒执（用匙柄代替）或注射器、滴管吸取药液，从口角插入，慢慢灌服。切勿灌入气管内，以免造成异物性肺炎。

④胃管给服法。一些有异味、毒性较大的药品或病兔拒食时采用此法。由助手保定兔并固定好头部，用开口器（木或竹制，长10cm，宽1.8～2.2cm，厚0.5cm，正中开一比胃管稍大的小圆孔，直径约0.6cm）使口腔张开，然后将胃管（或人用导尿管）涂上润滑油，将胃管穿过开口器上的小孔，缓缓向口腔咽部插入。当兔有吞咽动作时，趁其吞咽，及时把导管插入食管，并继续插入胃内。插入正确时，兔不挣扎，无呼吸困难表现；或者将导管一端插入水中，未见气泡出现，即表明导管已插入胃内，此时将药液灌入。如误入气管，则应迅速拔出重插，否则会造成异物性肺炎。

（2）**注射给药** 优点是吸收快、显效快、药量准、安全、节省药物等，但必须严格消毒。常用的注射给药方法有以下4种：

①皮下注射。主要用于预防性注射。可选耳根后部、腹内侧或腹中线两边皮肤薄、松弛、易移位的部位，局部剪毛，用70％酒精棉球或2％碘酒棉球消毒。左手大拇指、食指和中指捏起皮肤呈三角形，右手如执毛状持注射器于三角形基部垂直迅速刺入针尖，防止药液流出（图4-3）。皮下注射宜用短针头，以防刺入肌肉内。如果注射正确，可见局部隆起。

②肌肉注射。适用于多种药物，但不适用于强刺激性药物（如氯化钙等）。注射部位可选在臀肌和大腿部肌肉。术部经剪毛、消毒后，用左手固定注射部位皮肤，针头垂直于皮肤迅速刺入一定深度，回抽针管无回血后，缓缓注药（图4-4）。特别注意：助手要保定好兔只，防止兔乱动，以免伤及到大的血管、神经和骨骼。

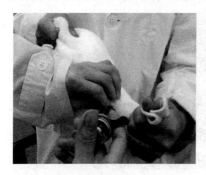 

图4-3 颈部皮下注射　　　　　　图4-4 肌肉注射

③静脉注射。多用于病情严重时的补液。部位为两耳外缘的耳静脉。由助手牢固保定兔只（特别是头部），剪毛、消毒术部（毛短者可拔毛），左手拇指与无名指和小指相对，捏住耳朵尖部，以食指和中指夹住压迫静脉向心侧，使其充血怒张。如静脉不明显，可用手指弹击耳壳数下，或用酒精棉球反复涂擦刺激静脉处皮肤使其怒张。针头以15°角刺入血管，而后使针头与血管平行向血管内进入适当深度（图4-5）。回抽见血，推药无阻力、无鼓包出现时，说明刺针正确，随后缓缓注药。注射完后拔出针头，用酒精棉球压迫片刻，确实无出血方可抬起。静脉注射要注意：一定要排净注射器内的气泡，否则兔只会因栓塞而死；第一次注射先从耳尖的静脉部开始，以免影响以后刺针；油类药剂不能静脉注射；注射钙剂要缓慢；药量多时要加温。

④腹腔内注射。静脉注射困难或兔心力衰竭，可采用腹腔内注射补液。部位选在脐后部腹底壁、偏腹中线左侧3mm处。剪毛后消毒，抬高兔后躯，对准脊柱方向刺针，回抽活塞不见气泡、液体、血液和肠内容物后注药（图4-6）。刺针不宜过深，以免伤及内脏。怀疑肝、肾或脾肿大时，要特别小心。注射最好是在兔胃、膀胱空虚时进行。一次补液50～300mL，但药液不能有较强刺激性。针头长度一般以2.5cm为宜。药液温度应与兔体温相近。

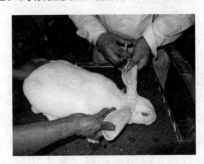
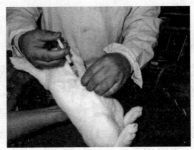

图4-5　耳静脉注射　　　　图4-6　腹腔内注射

（3）灌肠给药　兔发生便秘、毛球病等，有时口服给药效果不好，可进行灌肠。方法：一人将兔蹲卧在桌上保定，提起尾巴，露出肛门。另一人将橡皮管或人用导尿管涂上凡士林或液体石蜡后，将导管缓缓自肛门插入，深度7～10cm。最后将盛有药液的注射器与导管连接，即可灌注药液。灌注后使导管在肛门内停留3min左右，然后拔出。药液温度应接近兔体温。

（4）局部给药　为治疗局部疾患，常将药物施于患部皮肤和黏膜，以发挥局部治疗作用。局部用药应防止吸收引起中毒，尤其当施药面积大时，应特别注意用药浓度及用量。

①点眼。适用于结膜炎症，可将药液滴入眼结膜囊内。方法：右手拇指及食指控住内眼角处的下眼睑，提起上眼睑，将药液滴入眼睑与眼球间的囊内，每次滴入 2～3 滴。如为眼膏，则将药物挤入囊内。眼药水滴入后不要立即松开右手，否则药液会被挤压并经鼻泪管开口而流失。一般每隔 2～4h 点 1 次眼药水。

②涂擦。用药物的溶液剂和软膏剂涂在皮肤或黏膜上，主要用于皮肤、黏膜的感染及疥癣、毛癣菌等治疗。

③洗涤。用药物的溶液冲洗皮肤和黏膜，以治疗局部的创伤、感染，如眼膜炎、鼻腔及口腔黏膜的冲洗、皮肤化脓创的冲洗等。常用的有生理盐水和 0.1% 高锰酸钾溶液等。

96. 给兔使用抗生素药物注意事项有哪些？

使用抗生素治疗兔疾病时，某种程度上是在选择耐药菌群。这种选择取决于患病兔的数量、所用抗生素的种类、给药剂量及疗程。因此，安全使用抗生素是至关重要的。在兽医临床中，使用抗生素药物应注意以下 5 点：

（1）严格掌握适应症，弄清致病微生物的种类及兔对药物的敏感性兔对一些抗生素也有过敏反应，也应当进行皮试，有条件时应做药敏试验。为了减少损失，对一些敏感性强的兔，宜皮试为好。这样既可对症下药，又可节省用药，减少开支。

（2）注意用量及疗程，应根据药物作用和对兔的药动学特点，制订给药方案与剂量 对治疗过程做详细的用药计划，观察将会出现的药效和毒副作用，随时调整用药方案。除有确实的协同作用的联合用药外，尽量避免使用多种药物或固定剂量的联合用药，应根据兔病情需要去调整药物的品种与剂量。一般开始用药时剂量宜稍大，急性传染病和严重感染时剂量也宜稍大。而当用药兔肝、肾功能不良时，按所用抗生素对肝、肾的影响程度酌情减少用药量。给药途径也应适当选择，严重感染时多采用注射给药，一般感染以内服为宜。

（3）防止细菌产生耐药性，不要乱用、滥用抗生素 不宜长时间使用一种抗生素，长期大剂量使用抗生素会降低兔机体的免疫力，引起体内（尤其是肠道）或皮肤表面微生态环境的改变，有引起条件性真菌感染的可能，可将有效的各种抗生素交替使用。

（4）防止影响免疫反应，在进行各种预防菌苗接种前后数天内，不宜使用抗生素。

（5）防止产生配伍禁忌，抗生素之间以及抗生素与其他药物联合使用时，有时会产生配伍禁忌，引起不良反应，应设法避免。

97. 兔场常用的药物有哪些?

在兔养殖中，常用的药物及使用方法见表4-1至表4-6。

表4-1 常用消毒药物

药物名称	制剂规格	用法与用途
来苏儿（煤酚皂溶液）	含50%煤酚	2%水溶液用于手及体表消毒；5%溶液用于兔舍、用具及环境消毒
复合酚	黑褐色液体	0.5%～1%用于病毒、细菌、真菌等污染的兔舍、笼具、场地消毒
福尔马林（甲醛溶液）	含40%甲醛	5%溶液用于喷洒消毒，10%用于固定病料；熏蒸消毒，按每立方米甲醛15～20mL，加水20mL，在火上加热蒸发，密闭门窗10h，待其挥发干净后方可将兔放入兔舍
草木灰水	水浸液	20%～30%热溶液消毒兔舍、场区地面
石灰乳	10%～20%乳液	10%～20%乳液消毒地面，或干粉铺撒地面
烧碱	94%氢氧化钠	2%热水溶液喷洒消毒兔舍、笼具，12h后水冲洗
漂白粉	粉剂	5%用于兔舍、排泄物消毒；饮水消毒，每千克水中加入0.3～1.5g漂白粉
过氧乙酸	20%、40%	0.05%～0.5%水溶液用于兔舍、食槽的消毒；熏蒸消毒按1～3g/m³；稀释为3%消毒时不宜用金属容器；同时，人、兔均不宜留在室内，消毒人员须做好防护措施
新洁尔灭	1%、5%、10%	0.01%～0.05%水溶液用于黏膜消毒；0.1%用于皮肤消毒（浸泡5min），手术器械和玻璃搪瓷等器具消毒（浸泡0.5h以上）
乙醇（酒精）	95%乙醇	用作注射部位、器械和手的消毒，能使细菌蛋白质迅速脱水和凝固，呈现一定的抗菌作用
百毒杀	无色无味液体	0.005%～0.01%水溶液用于食具、水槽及饮水消毒；0.03%用于用具和环境消毒；0.05%用于兔笼、兔舍等常规消毒
碘酊	2%	外用，具有很强的杀菌作用，也能杀死芽孢，用于脓肿等手术前消毒及化脓疮治疗

(续)

药物名称	制剂规格	用法与用途
龙胆紫（甲紫）	2%	外用，对革兰氏阳性菌有较强抑制作用，用于黏膜、皮肤的溃疡、烧伤等
高锰酸钾	结晶粉剂	外用，配成 0.1%～0.5%溶液，具有抗菌、除臭作用，常用于冲洗各种黏膜腔道和创伤
过氧化氢	3%过氧化氢溶液	外用，1%～3%清洗创伤和瘘管，0.3%～1%冲洗口腔，用于深部化脓、瘘管消毒等

表 4－2　常用抗生素和其他抗菌药物

药物名称	制剂规格	用法及剂量	防治疾病
青霉素 G	粉针：20 万单位/支、40 万单位/支、80 万单位/支	用注射用水或生理盐水溶解，肌肉注射，每千克体重 3 万～5 万单位，每天 2～3 次	葡萄球菌病、乳房炎、子宫炎、李斯特菌病、呼吸道炎症及梅毒等
氨苄青霉素	粉针：0.5g/支	用注射用水或生理盐水溶解，肌肉注射，每千克体重 2～5mg，每天 2～3 次	巴氏杆菌病、伪结核病、野兔热、黏液性肠炎等
硫酸链霉素	粉针：0.5g/瓶	肌肉注射，每千克体重 20mg，每天 2 次	传染性鼻炎、巴氏杆菌病、大肠杆菌病等
硫酸卡那霉素	水针：0.5g/mL	肌肉注射，每千克体重 10～20mg，每天 2 次	巴氏杆菌病、波氏杆菌病、大肠杆菌病、沙门氏菌病等
庆大霉素	水针：4 万单位/mL、8 万单位/mL	肌肉注射，每千克体重 0.3 万～0.5 万单位，每天 2 次	巴氏杆菌病、波氏杆菌病、大肠杆菌病、沙门氏菌病、葡萄球菌病等
金霉素	针剂：0.25g/mL	肌肉注射，每千克体重 15mL，每天 4 次	肠炎、子宫炎、乳房炎等
四环素	粉针：0.25g/支	用 5%葡萄糖溶解后静脉注射，每千克体重 40mg，每天 1 次	大肠杆菌病、沙门氏菌病、巴氏杆菌病等
强力霉素	片剂：0.1g/片	内服，每千克体重 3～5mg	葡萄球菌病、波氏杆菌病、沙门氏菌病、大肠杆菌病等
	粉针：0.1g/支、0.2g/支	静脉注射，每千克体重 2～4mg	

（续）

药物名称	制剂规格	用法及剂量	防治疾病
丁胺卡那霉素（阿米卡星）	针剂	肌肉注射，每千克体重10～30mL，每天2次	绿脓杆菌等引起的泌尿道、下呼吸道、腹腔、生殖系统等部位感染
头孢菌素（先锋霉素）	粉针：0.25g/支	内服，每千克体重40～50mg，每天3～4次	金黄色葡萄球菌、肺炎球菌、大肠杆菌等
红霉素	粉针：0.25g/支	肌肉注射，每千克体重2～4mg，每天1～2次	金黄色葡萄球菌、链球菌、肺炎球菌等
新胂凡纳明（914）	粉剂：0.15g/支、0.3g/支、0.45g/支、0.6g/支	用无菌生理盐水或5%葡萄糖溶液制成5%溶液，耳静脉注射，每千克体重40～60mg，配合青霉素G使用更好	兔螺旋体病

表4-3 磺胺类、呋喃类及其他药物

药物名称	制剂规格	用法及剂量	防治疾病
磺胺嘧啶（SD）	片剂：0.5g/片	内服，每天2次，每千克体重首次用量0.2～0.3g，维持量0.1～0.15g。使用磺胺类药应遵循下列原则：①严格掌握适应症。对病毒性疾病不宜应用。②掌握剂量及疗程，首次使用应加倍量，然后间隔一定时间给予维持量，疗程要充足，等急性感染症状消失后，继续用药2～4d。③肝脏病肾功能减退，全身酸中毒应慎用或禁用。④急重病例应选用针剂。⑤用药期间充分供水，必要时灌水，以增加尿量，促进排出。⑥加等量碳酸氢钠，以防析出结晶损害肾脏。⑦忌与酸性药物和含氨苯甲酰基药物（如普鲁卡因、丁卡因等）合用。⑧磺胺药只有抑菌作用，治疗期间，须加强兔的饲养管理。不同的磺胺药对病原体的抑制作用有差异，一般抗菌作用依次为SMM＞SMZ＞SIZ＞SD＞SDM＞SMD＞SM_2＞SN	巴氏杆菌病、沙门氏菌病、伪结核病、波氏杆菌病、大肠杆菌病、李斯特菌病、葡萄球菌病、魏氏梭菌病、野兔热等
磺胺嘧啶钠注射液	针剂：0.4g/2mL、1g/5mL	肌肉注射或静脉注射，每千克体重0.05g	

（续）

药物名称	制剂规格	用法及剂量	防治疾病
磺胺噻唑（ST）	片剂：0.5g/片、1g/片	内服，每天 3 次，每千克体重首次用量 0.15～0.2g，维持量 0.07～0.11g	
磺胺二甲嘧啶（SM₂）	片剂：0.5g/片	内服，每天 1～2 次，每千克体重首次用量 0.1g，维持量 0.05g	
	水针：0.5g/5mL、1g/10mL	肌肉注射或静脉注射，每天 2 次，每千克体重首次用量 0.1～0.15g，维持量 0.05～0.07g	
磺胺甲基异噁唑（新诺明，新明磺）（SMZ）	片剂：0.5g/片	内服，每天 2 次，每千克体重首次用量 0.1g，维持量 0.05g	
复方磺胺甲基异噁唑（复方新诺明片）	片剂：每片含 TMP 0.08g＋SMZ 0.4g	内服，每天 2 次，每千克体重 30mg	巴氏杆菌病、沙门氏菌病、伪结核病、波氏杆菌病、大肠杆菌病、李斯特菌病、葡萄球菌病、魏氏梭菌病、野兔热等
	针剂：每毫升含 TMP 1.0g＋SMZ 0.2g	静脉注射或肌肉注射，每天 1 次，每千克体重 20～30mL	
磺胺间甲氧嘧啶（长效磺胺 C，制菌磺）（SMM）	片剂：0.5g/片	内服或拌料每天 1 次，每千克体重 0.07g	
	针剂：1.0g/10mL	静脉注射或肌肉注射，每天 1 次，每千克体重 0.07g，同类药中抗菌作用最强，对球虫也有较好作用	
复方磺胺间甲氧嘧啶	片剂：每片含 TMP 0.1g＋SMM 0.5g	内服，每天 1 次，每千克体重 30mg	
磺胺对甲氧嘧啶（磺胺-5-甲氧嘧啶，长效磺胺 D，消炎磺）（SMD）	片剂：0.5g/片	内服，每天 1 次，每千克体重首次用量 0.05g，维持量 0.025g	
复方磺胺对甲氧嘧啶（SMD＋TMP）	片剂：每片含 TMP 0.08g＋SMD 0.4g	内服，每天 1 次，每千克体重 30mg	
	针剂：10mL 含 TMP 0.2g＋SMD 1g	静脉注射或肌肉注射，每天 2 次，每千克体重 20～25mg	
磺胺邻二甲氧嘧啶（周效磺胺，法纳西）（SDM′）	片剂：0.5g/片	内服，每天 1 次，每千克体重首次用量 0.05g，维持量 0.025g	
	针剂：10mL 含 TMP 0.2g＋SDM′ 1g	静脉注射或肌肉注射，每天 2 次，每千克体重 15～20mg	

（续）

药物名称	制剂规格	用法及剂量	防治疾病
二甲氧苄氨嘧啶（敌菌净）（DVD）	片剂：0.5g/片	内服，每天 2 次，每千克体重 10mg，属抗菌增效剂，常与 SMZ、SMD、SMM、SMZ 和四环素配合使用	肠道感染及兔球虫病
磺胺脒（SG）	片剂：0.5g/片	内服，每天 3 次，每千克体重首次用量 0.3g，维持量 0.15g	
琥珀酰磺胺噻唑（SST）	片剂：0.5g/片	内服，每天 1～2 次，每千克体重首次用量 0.14g，维持量 0.07g，作用较 SG 强，连续使用 1 周以上，要补充维生素 K 和维生素 B_6	大肠杆菌病、腹泻等
酞磺噻唑（息拉米）（PSA）	片剂：0.5g/片	内服，每天 1～2 次，每千克体重首次用量 0.14g，维持量 0.07g	大肠杆菌病、腹泻等
磺胺醋酰钠滴眼剂	溶液剂：10%～30%	点眼	结膜炎、角膜炎等
环丙沙星	片剂、针剂	内服，每天 2 次，每千克体重 10～20mg；肌肉注射每千克体重 10mg，每天 2 次	呼吸道、消化道、泌尿道感染、支原体病及支原体与细菌混合感染等
诺氟沙星（氟哌酸）	片剂、胶囊、预混剂（5%）	内服，每天 2 次，连用 3～5d，每千克体重 10mg	膀胱炎、肠炎、菌痢等
恩诺沙星（乙基环丙沙星）	口服剂	口服，每天 2 次，每千克体重 2.5～5mg	大肠杆菌病、沙门氏菌病、巴氏杆菌病、链球菌病、葡萄球菌病等

表 4-4　抗寄生虫药物

药物名称	制剂规格	用法及剂量	防治疾病
磺胺喹噁啉（SQ）	粉剂	在水中混匀饮用，预防量按 0.05%浓度饮 3 周；治疗量按 0.1%饮水。与二甲氧苄氨嘧啶（DVD）按 4∶1 比例混合，每千克体重 0.25g 使用，效果更好	
磺胺二甲嘧啶（SM_2）	片剂：0.5g/片	拌入饲料或饮水中，预防剂量按 0.1%饲料或 0.2%饮水浓度连喂 15～30d；治疗剂量 0.5%饲料，连喂 7d，或每千克体重 100mg 连喂 3d，停药 7d 后再使用一个疗程	
磺胺氯吡嗪钠（三字球虫粉）（$Es b_3$）	粉剂	预防量按 0.02%饮水或 0.1%混入饲料中，从断奶饲喂至 2 月龄；治疗量按每千克体重 50mg 混入饲料，连用 10d，必要时停药 1 周后再用 10d	球虫病
氯苯胍	片剂：0.01g/片；粉剂：预混剂（10%）	预防量每千克饲料加 150mg，从开食至断奶后 45d；治疗量按每千克饲料 300mg，连喂 1～2 周	
莫能菌素	预混剂（20%）	按混后浓度 0.004%～0.005%混入饲料中饲喂，从断奶至 60 日龄	
球痢灵（二硝苯甲酰胺）	粉剂	内服，每千克体重 50mg，每天 2 次，连用 5d	
甲基三嗪酮（百球清）	溶液	预防量按 0.001%浓度饮水 3 周，治疗量按 0.002%浓度饮水 2d，间隔 5d，再服 2d	
盐霉素	粉剂	每千克饲料加 50mg，连喂 7d 左右	
地克珠利	粉剂	混饲用，每 1 000kg 饲料添加 1～2g，连用 45d	
伊维菌素（害获灭）	粉剂、胶囊	内服，按说明使用	疥螨病、虱、蚤及线虫病
	针剂	皮下注射，按说明使用	
敌百虫	结晶粉	外用，1%～2%温水涂擦患部，7～10d 后重复用药 1 次	
螨净	油状液体	外用，以 1∶500 比例稀释，涂擦患部	疥螨病、兔虱病等
溴氰菊酯（倍特，敌杀死）	乳油剂，含 5%溴氰菊酯	外用，配成 50mL/L 水溶液涂擦或喷洒患部	
氰戊菊酯（速灭杀丁）	乳油剂，含 20%氰戊菊酯	外用，配成 200～500mL/L 涂擦患部	

（续）

药物名称	制剂规格	用法及剂量	防治疾病
硫双二氯酚（别丁）	片剂：0.25g/片	内服，1次，每千克体重100mg	肝片吸虫病
硝氯酚	片剂：0.1g/片	内服，1次，每千克体重5～8mg	
甲苯咪唑	片剂：50mg/片	内服，每天1次，连用3d，每千克体重35mg	豆状囊尾蚴
枸橼酸哌嗪	片剂：0.5g/片	内服，每天1次，连用2d，成年兔每千克饲料0.5g，幼兔每千克饲料0.75g	蛲虫病

表4-5 抗真菌类药物

药物名称	制剂规格	用法及剂量	防治疾病
灰黄霉素	片剂：0.1g/片	内服，预防量为每天每千克体重10mg；治疗量为每天每千克体重30～50mg，15d为一疗程，隔5～7d为第二疗程	
	软膏：3％	涂敷患部	
制霉菌素	片剂：25万～50万单位/片	内服，5万～20万单位/只，每天2～3次	皮肤真菌病
	软膏：10万单位/g	涂敷患部	
咪康唑（达克宁，双氯苯咪唑，毒可唑）	乳剂：2％ 洗剂：1％	涂敷患部疗效优于制霉菌素	
两性霉素B	片剂：0.1g/片	口服，每千克体重0.5～1mg，每天1次，隔天1次	
克霉唑	片剂：0.1g/片	口服，每千克体重10～20mg，每天3次	

表4-6 维生素及其他药物

药物名称	制剂规格	用法及剂量	防治疾病
鱼肝油	每克含维生素A 850单位、维生素D 85单位	内服，1～2mL/只	维生素A缺乏症、骨软症、佝偻病等

（续）

药物名称	制剂规格	用法及剂量	防治疾病
维生素 AD 注射剂	针剂：0.5mL、1.0mL、5mL，每毫升含维生素 A 5 万单位、维生素 D 5 000 单位	肌肉注射，2 500～5 000 单位/只	促进生长发育，治疗维生素 A、维生素 D 缺乏症
维生素 D$_2$（骨化醇）	胶丸：1 万单位/粒	内服，2 500～5 000 单位/只	骨软症、佝偻病及急性低血钙症
	针剂：40 万单位/mL	肌肉注射，2 500 单位/只	
维生素 E	片剂：10mg/片	内服，每天 2 次，1mg/只	维生素 E 缺乏症、不育症
	针剂：每毫升 5mg 或 50mg	肌肉注射，1mg/只	
维生素 B$_1$	片剂：10mg/片	内服，1～2 片/只	维生素 B$_1$ 缺乏症，消化不良
维生素 B$_2$	片剂：5mg/片	内服，2～4 片/只	维生素 B$_2$ 缺乏症，消化不良
复合维生素	片剂 溶液 针剂	内服，1 片/只 内服，1～2mL/只 肌肉注射，1mL/只	营养不良、消化障碍、口腔炎、B 族维生素缺乏症
干酵母	片剂：0.5g/片	内服，1～2 片/只	消化不良、预防 B 族维生素缺乏症
食母生片	片剂：含干酵母 0.2g/片	内服，1～3 片/只	
维生素 C	片剂：50mg/片、100mg/片 针剂：100mg/2mL、1g/10mL	内服，0.05～0.1g/只；肌肉注射或静脉注射，0.05～0.1g/只	解毒、应激综合征、休克
人工盐	粉剂	内服，助消化 1～2g/只；泻下 4～6g/只	小剂量内服用于食欲不振、消化不良等，剂量增大有缓泻作用
大黄苏打片	片剂：0.5g/片	内服，1～2 片/只	消化不良、便秘等
硫酸钠（芒硝）	无色结晶	内服，成年兔 3～5g/只，幼兔 1.5～2.5g/只，配成 5%的溶液口服	消化不良、便秘等

（续）

药物名称	制剂规格	用法及剂量	防治疾病
硫酸镁	无色针状结晶	内服，成年兔 3～5g/只，幼兔 1.5～2.5g/只，配成 5% 的溶液口服	便秘、毛球病等
液体石蜡	无色透明油状液	内服 5～10mL/只；禁止用本品作泻药排除胃肠内毒物	便秘、臌气
植物油	豆油、菜籽油、花生油、麻油等	内服，一次量 30～50mL/只；禁止用本品作泻药排除胃肠内毒物	食滞、毛球病
蓖麻油	淡黄色黏稠液体	内服，成兔 10～15mL，幼兔 5～7mL，加等量水口服	便秘
消胀片（二甲基硅油片）	片剂：每片含二甲基硅油 25mg、氢氧化铝 40mg	内服，1 片/只	胀气病
鞣酸蛋白	淡黄色粉状	内服，2～3g/只	止泻
硅炭银	片剂：0.5g/片	内服 1～2 片/只，宜空腹时灌服	急性胃肠炎、腹泻等
乳酸钙	片剂：0.5g/片	内服，1～4 片/只	软骨症、佝偻病
葡萄糖酸钙注射液	针剂：2g/20mL、5g/50mL、10g/100mL	静脉注射或深部肌肉注射，0.2～0.4g/只，静脉注射时速度要缓慢	急性缺钙、胃肠麻痹
复方氨基比林	针剂：1g/2mL	肌肉注射，1～2mL/只	感冒等热性传染病
水杨酸	白色结晶	外用，配成 5%～10% 酒精溶液涂擦患部	毛癣病、真菌病

98. 药物采购有哪些注意事项?

药物采购主要考察以下 3 个内容：

（1）药物的生产厂家，一定要正规生产厂家，并且已获得农业农村部兽药生产质量管理规范（简称 GMP）验收通过企业。

（2）产品包装完好，计量准确，生产日期、质量到期时间准确无误。一般有效期为两年。

（3）标注的兽药名称、性状等是否吻合。

99. 药物的保管与储存需注意哪些问题?

药物的保管应有固定的药房存放,药房应有防虫、防盗和防药物变质、失效等措施。保管药物有专人负责,如有变动,应办理交接手续。

(1) 制定严格的保管制度

①办理出、入库检查验收手续并填写单据。

②逐月填写药品消耗、报损和盘存表及盘存账册。

③制订药物采购、供应计划和制度。

④兽药购入时,应检查药物的标签(如品名、规格、生产厂名、地址、注册商标、批准文号、批号、有效期等)及说明书(如有效成分及含量、作用与用途、用法与用量、毒副反应、禁忌、注意事项等)。

(2) 分类存放 根据剂型进行分类保管,片、散、针剂分类存放。其存放的基本要求如下:

①药品与非药品必须分开存放。

②性质互相影响,容易串味的药品应分开存放。

③内服药与外用药分开存放。

④注射剂、口服剂型、输液分开存放。

⑤生物制品、血液制品、基因药物等冷藏保存。

⑥高危药品有警示标识。

⑦品名、外包装、多规格等容易混淆的品种分开存放并做提示。

⑧药品标签与药品摆放位置相符。

⑨麻醉药品、精神药品、医疗用毒性药品等特殊药品按要求存放。

⑩易燃、易爆及危险药品单独存放,如乙醇、30%过氧化氢、甲醛等。

(3) 药物储藏对温度、湿度的要求

①常温:0～30℃,常用于片剂、水溶液剂、软膏、栓剂的储存。

②冷藏:2～10℃,常用于生物制品、酶制剂、抗生素的储存。

③阴凉:20℃以下,常用于胶囊、糖浆、水针、糖衣片的储存。

④室内相对湿度应保持在 60%～75%之间。

(4) 避光、密闭

100. 药物的配伍禁忌有哪些?

有些药物在使用中不能配伍,否则会出现沉淀、浑浊、降低药效等变化，干扰疗效，甚至起毒性作用。在使用中，需注意药物的配伍禁忌。

（1）青霉素 红霉素、四环素、磺胺类、维生素 B_1、维生素 C、维生素 K。

（2）链霉素 磺胺类、维生素 C、维生素 K、维生素 B_1、碳酸氢钠、氯化钠（钾）。

（3）庆大霉素 青霉素、链霉素、红霉素、新霉素、磺胺类。

（4）四环素类 磺胺类钠盐注射液、维生素 C、安钠咖、氨基比林、硫酸阿托品。

（5）磺胺类药 青霉素、链霉素、庆大霉素、人工盐、维生素 C、维生素 K、维生素 B_1、乳酶生、氯化钙、硫酸钙、硫酸钠、普鲁卡因。

（6）维生素 C 土霉素、链霉素、维生素 B_1、维生素 B_2、维生素 B_{12}、氨茶碱、磺胺类、苯巴比妥钠。

（7）乳酶生 抗生素类、磺胺类。

（8）新洁尔灭 碘、碘化物、高锰酸钾、硼酸、肥皂、氧化锌、碘胺噻唑。

（9）高锰酸钾 甘油、乙醇、生物碱等有机物以及氯化铵、碳酸铵、药用炭。

101. 兔病针灸疗法的分类有哪些？扎针时应注意什么？

治疗兔病常用的针灸分为白针和血针两种。白针是用针刺激穴位来治病，不放血；血针既有针扎刺激，又要刺破静脉血管，通过放出一定量静脉血来治病。鼻尖、人中、牙关、天门、百会等穴位是白针，太阳、血印、尾尖和指甲等穴位是血针。

扎针时，一是要将兔保定好，防止骚动，保证扎针位置的准确；二是用 70%～75%酒精将针具和针穴部位认真消毒，皮肤消毒时要将被毛吹开，酒精必须涂到皮肤上；三是针刺深度一定要合适。

兔病针灸疗法在轻症时使用效果较好，对中暑、感冒、消化道疾病效果显著，对由细菌、病毒引起的疾病只能起到辅助治疗作用。

102. 兔病针灸疗法的穴位有哪些？

治疗兔病常用的针灸穴位有鼻尖、人中、牙关、天门、百会、太阳、血印、尾尖和指甲 9 个，分别如下：

（1）鼻尖穴　在鼻尖正中浅扎 0.2～0.3cm，快速扎刺 2～3 下。主治中暑、肺炎、发烧和脑炎。

（2）人中穴　在鼻下正中、左右两瓣嘴唇相连处，浅扎 0.2～0.3cm。主治感冒、破伤风、传染性鼻炎。

（3）牙关穴　在眼珠下方最后一对齿之间的颊肌处，浅扎 0.5cm。主治牙关紧闭、吞咽困难、歪头歪脖风、胃炎。

（4）天门穴　在两耳根后缘连线之中点、枕骨与第一颈椎交界处，浅扎 0.5cm。主治脑充血、歪脖风。

（5）百会穴　手摸两后躯左右腰角，腰角之间连线与背正中线的交合点即百会穴。百会穴所在地是腰椎与荐骨之间的间隙，深处为腰部脊髓，此穴如扎得过深会损伤脊髓，导致兔后躯瘫痪，应特别注意垂直扎入深度为 1cm。主治腹泻、肚胀、生殖道疾病、瘫痪等。

（6）太阳穴　在后眼角后方 1cm 处面横静脉上浅扎 0.2～0.3cm，扎破血管，放血少许。主治中暑、感冒、眼结膜炎等。

（7）血印穴　在两耳耳静脉上 1/3 处，用针刺破血管任其出血。主治感冒、发烧、肺炎、中暑等热性病。

（8）尾尖　在尾尖腹侧划破尾中动脉、放血降压。主治中暑、发烧及其他热性病。

（9）指甲穴　前后肢的爪部腹侧，穿刺放血。主治中暑、精神沉郁、食欲不振、肚疼等症。

103. 兔禁止使用的药物有哪些？

中华人民共和国农业农村部公告第 250 号关于《食品动物中禁止使用的药品及其他化合物清单》如表 4-7 所示：

表 4-7　食品动物中禁止使用的药品及其他化合物清单

序号	药品及其他化合物名称
1	酒石酸锑钾（Antimony potassium tartrate）
2	β-兴奋剂类（β-agonists）及其盐、酯
3	汞制剂：氯化亚汞（甘汞）（Calomel）、醋酸汞（Mercurous acetate）、硝酸亚汞（Mercurous nitrate）、吡啶基醋酸汞（Pyridyl mercurous acetate）
4	毒杀芬（氯化烯）（Camahechlor）

（续）

序号	药品及其他化合物名称
5	卡巴氧（Carbadox）及其盐、酯
6	呋喃丹（克百威）（Carbofuran）
7	氯霉素（Chloramphenicol）及其盐、酯
8	杀虫脒（克死螨）（Chlordimeform）
9	氨苯砜（Dapsone）
10	硝基呋喃类：呋喃西林（Furacilinum）、呋喃妥因（Furadantin）、呋喃它酮（Furaltadone）、呋喃唑酮（Furazolidone）、呋喃苯烯酸钠（Nifurstyrenate sodium）
11	林丹（Lindane）
12	孔雀石绿（Malachite green）
13	类固醇激素：醋酸美仑孕酮（Melengestrol Acetate）、甲基睾丸酮（Methyltestosterone）、群勃龙（去甲雄三烯醇酮）（Trenbolone）、玉米赤霉醇（Zeranal）
14	安眠酮（Methaqualone）
15	硝呋烯腙（Nitrovin）
16	五氯酚酸钠（Pentachlorophenol sodium）
17	硝基咪唑类：洛硝达唑（Ronidazole）、替硝唑（Tinidazole）
18	硝基酚钠（Sodium nitrophenolate）
19	己二烯雌酚（Dienoestrol）、己烯雌酚（Diethylstilbestrol）、己烷雌酚（Hexoestrol）及其盐、酯
20	锥虫砷胺（Tryparsamile）
21	万古霉素（Vancomycin）及其盐、酯

（三）疫苗实用技术

104. 什么是免疫接种？方法有哪些？应注意哪些问题？

免疫接种是用人工的方法将疫苗注入兔体内，激活兔免疫系统产生特异性抗体，使兔对病原体产生抵抗力，避免患病。免疫接种的方法是预防和控制兔传染病的一种有效手段。常用的免疫接种方法是皮下注射。免疫接种时，应注意的事项有：

（1）注射器和针头要消毒或使用一次性注射器，常用煮沸法进行消毒。

（2）疫苗注射部位需先消毒。进行局部剪毛，用碘酒棉球消毒后，再用酒精棉球消毒。

(3) 注射时进针不能过深，避免伤及颈椎。

(4) 注射时需确保剂量准确，注射完毕时，注射部位会突起一个小包，是正常现象。

(5) 每注射一只兔更换一个针头，针头须消毒后才能再次使用。

(6) 疫苗注射前须检查疫苗，确定疫苗是农业农村部指定正规厂商生产的疫苗，同时疫苗需在保质期内，且包装无破损。过期、包装破损的均不得使用。灭活疫苗应 4～8℃保存，使用前需摇匀，不能有较大的组织块或其他块状物。

(7) 新开封的疫苗应尽快用完，最好是当天用完，没用完的应放弃。

(8) 疫苗注射后，需观察兔有无不良反应，如有不良反应应立即处理。

105. 如何给兔制定适宜的免疫程序？

免疫接种并不是免疫的疫病越多越好，要根据当地疫病流行情况进行规划，重点应免疫常发生的、对养殖业危害较大的传染病，对本地区未发生过的传染病一般不免疫。目前，我国兔场应重点接种兔瘟、兔巴氏杆菌病、兔魏氏梭菌病、大肠杆菌病等疫苗。兔主要的免疫程序见表 4-8。

表 4-8 兔主要的免疫程序

疫病种类	疫（菌）苗种类	兔类型	免疫方法
兔瘟	兔瘟疫苗	仔兔	断奶，皮下注射 2mL/只，60 日龄加强 1 次，以后每 6 个月 1 次
		种兔	皮下注射 2mL/只，每 6 个月注射 1 次
巴氏杆菌病	巴氏杆菌苗	仔兔	断奶，皮下注射 2mL/只，以后每 6 个月 1 次
		种兔	皮下注射 2mL/只，以后每 6 个月 1 次
葡萄球菌病	金色葡萄球菌苗	种兔	皮下注射 2mL/只，以后每 6 个月 1 次
魏氏梭菌病	A 型魏氏梭菌苗	仔兔	断奶，皮下注射 2mL/只，以后每 6 个月 1 次
		种兔	皮下注射 2mL/只，每 6 个月 1 次
波氏杆菌病	波氏杆菌苗	仔兔	断奶，皮下注射 2mL/只，以后每 6 个月 1 次
		种兔	皮下注射 2mL/只，每半年 1 次
大肠杆菌病	大肠杆菌多价苗	仔兔	25 日龄首兔，断奶后加强 1 次，每次皮下注射 2mL/只

制定免疫程序要结合考虑当地流行疫病情况和兔抗体水平，尤其是首免时间的确定十分重要。母源抗体水平高时，会抑制疫苗的效力；母源抗体水平过低，则对仔兔没有保护作用。免疫接种最好的时机是在母源抗体刚降低到不能保护仔兔时，最精确的办法是测定母源抗体的效价，确定首次免疫时间。

106. 免疫接种时如何确定剂量？哪些疫苗需多次加强免疫？

免疫接种时，一定要按规定的免疫剂量注射，不能人为地随意增大剂量，超大剂量接种会导致免疫麻痹，使免疫细胞不产生免疫应答，同时使机体在相当长时间内处于免疫抑制状态。不但影响免疫效果，而且会加重免疫反应的临床过程，造成不良反应发生率增高。

多数疫苗一次接种不能获得较好的免疫效果，须经多次加强免疫，同时要考虑接种疫苗产生抗体的半衰期。如兔瘟、兔巴氏杆菌病、兔大肠杆菌病等需加强免疫。免疫接种的次数也不宜过多，一定要科学合理。接种次数过多，对兔的应激影响大。若抗体水平高时，接种疫苗会发生中和反应，反而导致兔的免疫力下降。

107. 怎样接种多种疫苗？免疫接种期间药物使用有什么注意事项？

不要将多种不同的疫苗同时以相同途径接种，疫苗在体内会相互干扰，影响复制和免疫应答。接种不同种疫苗间隔应在 7d 以上，同种疫苗接种间隔应在 14d 以上。

接种疫苗期间，不要在饲料中加入影响免疫力的药物。注射病毒性疫苗前后，4d 内不要使用抗病毒药物和干扰素等。抗球虫药、肾上腺皮质激素类、磺胺类药物、氯霉素、金霉素等均可造成免疫抑制。

108. 兔常用疫苗有哪些？用法和注意事项有哪些？

为了预防兔的传染病，任何一个养兔场，必须加强平常的预防工作。同时，应定期接种疫苗，如兔瘟、兔巴氏杆菌病，可在仔兔断奶时注射兔瘟、巴氏杆菌二联疫菌苗。兔场常用的疫（菌）苗及用法见表 4 - 9。

表 4-9 兔场常用的疫（菌）苗及用法

疫苗名称	用　途	用　法	注意事项
兔瘟疫苗	预防兔瘟	断奶日龄以上，皮下注射 1mL/只，每年注射 2～3 次	兔场应按自己场内制定的防疫程序进行正常预防。若发生传染病时，应用单苗免疫注射，并要加倍剂量为好。有的菌苗由于菌型太多，制定成统一菌苗，效果不一，如沙门氏菌，最好用各地分离到的菌株，制苗后为各地使用
兔瘟、巴氏二联苗	预防兔瘟、巴氏杆菌病	断奶日龄以上，皮下注射 1mL/只，每年注射 2～3 次，注射一针预防两病	
兔巴氏杆菌苗	预防兔巴氏杆菌病	断奶日龄以上，皮下注射 1mL/只，每年注射 2～3 次	
魏氏梭菌苗	预防魏氏梭苗下痢病	断奶日龄以上，皮下注射 2mL/只，每年注射 2～3 次	
大肠杆菌多价苗	预防大肠杆菌主要血清型下痢病	断奶日龄以上，皮下注射 2mL/只，每年注射 2～3 次	
波氏杆菌苗	预防波氏杆菌病	断奶日龄以上，皮下注射 2mL/只，每年注射 2～3 次	
葡萄球菌苗	预防乳房炎脚皮炎	断奶日龄以上，皮下注射 2mL/只，每年注射 2～3 次	

109. 如何识别疫苗的好坏?

兔疫苗为预防性生物制品，在疫苗使用前，应严格检查质量。有下列情况之一者禁用:

(1) 标签未注明生物药品批准文号的疫苗。

(2) 包装字迹模糊，无标签、有效期、生产日期、储存方法等。

(3) 内有色泽、沉淀变化、异物或发霉。

(4) 疫瓶破裂、瓶塞松动。

110. 兔免疫接种后常见的不良反应有哪些? 该如何处理?

免疫接种后通常是由疫苗本身的特性引起的反应。一般不会出现明显的不良反应。极少数兔在接种后，常常出现过敏性的神经抗郁、热反应，注射部位出现短时轻度炎性水肿。临床表现为呼吸困难、轻度发热（持续时间较短）、虚脱或惊厥、采食量下降、不愿活动、个别怀孕母兔流产。

免疫接种后，轻微的不良反应一般不需处理，但可在疫苗接种期间适当补充维生素和微量元素，以避免应激反应。对于出现严重不良反应的，应采用抗休克、抗过敏、抗炎症、抗感染、强心补液、镇静解痉等急救措施；对局部出现的炎症反应的，应采用消炎、消肿、止痒等处理措施；对神经、肌肉、血管损伤的病例，应采用理疗、药疗和手术等处理方法；对综合感染的病例，用抗生素治疗。

111. 导致兔免疫失败的原因有哪些?

(1) 疫苗质量得不到保证　购买疫苗渠道不正规或因贪图便宜而购买了劣质疫苗，使免疫失败。一般厂家生产的疫苗多存在抗原浓度不足的现象，特别是多联苗，对抗原浓度要求很高，常规的生产方法难以达到质量要求。有些所谓的疫苗，其中只有一些抗菌药物，由于国家加强了管理，许多非法生产者的疫苗不贴标签或标签上仅有疫苗名称，无生产单位名称、地址、联系电话、批准文号等。市场上正在使用的兔用疫苗品种多达 10 余种，但国家批准生产的仅 5 种，即兔瘟灭活疫苗、多杀性巴氏杆菌灭活疫苗、兔魏氏梭菌灭活疫苗、兔瘟-多杀性巴氏杆菌二联灭活疫苗、兔多杀性巴氏杆菌-波氏杆菌二联灭活疫苗。

(2) 免疫程序不合理　任何疫苗都有使用范围、免疫期，各种疫苗并不相同。同一种动物，不同日龄对疫苗免疫后产生的免疫反应不一样，由于饲养目的不同，对免疫期的要求也不一样。因此，要根据养殖场自身的特点和各种疫苗的特性，制定合理的免疫程序。如 30~40 日龄幼兔对兔瘟灭活疫苗的免疫反应与成年兔不同，按常规注射 1mL 兔病毒性出血症灭活疫苗，成年兔可以达到 6 个月的保护期，而 30~40 日龄的幼兔不能产生有效的免疫力或仅能维持很短的有效时间。对此，很多人不清楚这一点，误认为大兔打 1mL，小兔只要打 0.5mL 就有效，结果小兔打了疫苗后仍会发病。试验结果表明，30~40 日龄幼兔注射兔瘟苗 1mL 仍不能产生较强的免疫保护力，而注射 2mL 才有较好的保护作用，但不能长时间的维持，还必须在 60~65 日龄再加强免疫 1 次，每兔注射 2mL，以保证有 4~6 个月的免疫期，成年兔每年注射 2~3 次即可。一些非法产品由于质量低，常常让使用者每 2~3 月即注射 1 次。

（3）疫苗保存不当　现有兔用疫苗都是灭活疫苗，长期保存温度是 4~8℃，适合于存放在冰箱的冷藏室中。在 4~8℃条件下，兔瘟疫苗保存期为 10 个月，其他疫苗为 6 个月。在保质期内，严格按照疫苗的保存条件保存，从而保证疫苗的质量。由于是灭活疫苗，在低温条件下，抗原保持有效的时间较长，不易失效，但高温则会加快这一过程。因此，灭活疫苗虽然不像活疫苗在较高温度下很快失效，但长期保存也应在合适的温度条件下。短期保存也应尽可能放在避光、阴凉处。没有好的保存条件，购买疫苗时不要一次买太多，否则会导致长时间使用不完，疫苗质量下降。兔用灭活疫苗保存更应注意不能冷冻，因冷冻结冰后，由于兔瘟组织结块、免疫佐剂的效果下降，导致疫苗的免疫效力下降。因此，结冰后的兔用灭活疫苗最好不要使用，或加大用量作为短期预防用。此外，超过保质期的疫苗最好不要使用，以免发生免疫失败的情况。

（4）兔体质较差　注射疫苗是为了让动物体自身产生特异性免疫反应，从而达到在一定时期内不发生某种疾病的目的。由于动物本身存在着个体差异，同样的疫苗、同样的剂量，不同动物所产生的特异性反应强弱不一致。而不同单位饲养的动物体质也不相同，特别是在目前情况下，养兔生产技术普遍水平较低，管理技术参差不齐，免疫效果难以得到充分体现。一些兔场 30 日龄断奶仔兔只有 0.25~0.35kg，断奶后饲料质量跟不上，加上一些疾病的发生，兔群整体状况不佳，免疫注射效果也不会很好。注射疫苗时，有的兔本身就已发生疾病或处在疾病的潜伏期，注射疫苗后兔可能会死亡或激发疫病，即使不发病，免疫效果也不理想。

（5）免疫操作不当　疫苗使用过程中未摇匀，兔用灭活疫苗多为混悬液，静置后会很快沉淀，下沉的部分主要是抗原，如不混匀则各兔注射的抗原量多少不一，会出现同批兔免疫效果部分好、部分差的情况。特别提醒，一些规模大的养殖场，用连续注射器注射，装疫苗的瓶较大，很容易产生上述现象。注射过程中要经常摇动瓶子，保持其中的液体均匀一致。有时注射疫苗时兔挣扎得很厉害，注射针从一侧皮肤扎进去，又从另一侧皮肤出来，疫苗根本未注入体内，自然没有免疫效果。一部分兔可能漏打，小兔群养时最易出现漏打现象。有的是因为后备兔未能同种兔一起参加定期免疫，到期后又未及时补防，超过免疫期后就会发生疾病。注射部位消毒不严格、注射过浅，注射部位炎症较重，甚至化脓、溃破，抗原及佐剂流失，均可导致免疫效果下降。

五、兔传染病篇

(一) 病毒性传染病

112. 兔瘟的病因、临床症状和病理变化有哪些？如何防治？

兔瘟（又叫兔病毒性出血症）是由兔瘟病毒引起的急性、热性和败血性传染病。该病的特点是潜伏期短、发病急、病程短、传播快、发病和死亡率高。以呼吸系统出血、水肿、肝坏死及实质器官瘀血、水肿、出血为特征。

(1) 病因　兔瘟是一种新的病毒性急性传染病，是由病毒经呼吸道和消化道，也可通过皮肤伤口或配种由生殖道感染。病毒对氯仿和乙醚不敏感，对紫外线和干燥等不良环境的抵抗力较强。1%氢氧化钠 4h、1%～2%甲醛 2h、1%漂白粉 3h 才被灭活。生石灰和草木灰对病毒几乎无作用。

(2) 流行病学　本病只发生于家兔和野兔。各种品种和不同性别的兔都可感染发病，60 日龄以上的青年兔和成年兔的易感性高于 2 月龄以内的仔兔。未断乳的仔兔很少发病，带仔母兔不发病。病兔和带毒的兔是主要的传染源。它们通过粪便、皮肤、呼吸和生殖道排毒，污染环境及用具。消化道是主要的传染途径。本病在新疫区多呈暴发性流行。发病一般在 8 月份开始，翌年 3 月份结束，其他季节有零星散发，一旦被感染就会造成流行。3 月龄以上的兔致死率为 90%以上，甚至达 100%。

(3) 临床症状　根据症状分为最急性型、急性型和慢性型 3 个类型。

①最急性型。多发于青年兔和成年兔，死前无明显临床症状，或仅表现为精神兴奋，一般体温升高到 41℃，在笼内乱跳、碰壁、惊叫，多出现于夜间死亡。死亡后四肢僵直，头向后仰，少数鼻孔流血，肛门处有淡黄色液体流出。病程 10～20h。

②急性型。多发生青年兔和成年兔，病初体温升高到 41℃以上，

食欲减退，饮水增多，不喜动，体温升高，迅速消瘦。临死前，全身颤抖，侧卧，四肢不断作划船状，短时间抽搐、尖叫死亡。少数鼻孔流血，肛门处有黄色液体流出。病程一般 12～48h。

③慢性型。多发于 3 月龄幼兔和少数青年兔。病兔体温升高到 41℃左右，精神委顿，被毛粗乱无光泽，严重消瘦，食欲减退甚至废绝，衰竭死亡。病程可达 4～6d。剖解后，可见肺、肝、脾、胃、心等器官有出血点。

（4）病理变化　病死兔出现全身败血症变化，各脏器都有不同程度的充血、出血和水肿。喉头、气管黏膜瘀血或弥漫性出血，以气管环最明显；肺高度水肿，有大小不等的出血斑点，切面流出多量红色泡沫状液体；肝脏肿胀变性，呈淡黄色或灰白色条纹，瘀血呈紫红色，有出血斑；肾肿大呈紫红色，常与淡色变性区相杂而呈花斑状，有的见有针尖状出血；脑和脑膜血管瘀血，脑下垂体和松果体有血凝块；胸腺肿大、出血；胃肠多充盈，胃黏膜脱落，脾呈蓝紫色；小肠黏膜充血、出血；肠系膜淋巴结水样肿大。

（5）防治

①发病后立即对病兔进行隔离、封锁。

②整个兔群，除未断奶仔兔外，进行紧急兔瘟疫苗注射，每只兔皮下注射兔瘟疫苗 2～3mL。

③兔舍、兔笼、场地清洁后，用 0.5％菌毒敌或 0.1％过氧乙酸或 2％氢氧化钠溶液消毒，兔舍人行道轻撒生石灰。

④发病兔场停止引进和出售种兔及兔产品。

⑤非本场人员应严格限制出入。

⑥病死兔应进行深埋或焚烧处理。

113. 兔轮状病毒病流行病学、临床症状和病理变化有哪些？如何防治？

兔轮状病毒病是由兔轮状病毒感染引起的以断奶仔兔为主的急性、病毒性肠道传染病，同时也是一种人畜共患病，仔兔死亡率达 40％以上。症状主要以呕吐、腹泻和脱水为主。兔场一旦发生兔轮状病毒病，就会长期传播，常年发生。

（1）流行病学　消化道是主要传播途径，通过食入被污染的饲料、饮水或吸乳而感染发病。恶劣的气候、饲养管理不良、卫生条件差是本病主要诱发因素。各品种、年龄的兔均可感染，但主要发生于 2～6 周龄仔兔，特别是 4～6 周龄的仔兔，发病率可达 90%～100%，死亡率极高，青年兔和成年兔常呈隐性感染。本病一年四季均可发生，但多发于冬、春两季。

（2）临床症状　病兔体温升高，精神不振，昏睡，食欲减退或食欲废绝。腹泻，常排出半流质和水样粪便，粪便呈淡黄色或黄白色，病后 2～6d 死亡，死亡率可达 40% 左右。青年兔和成年兔常无明显症状。

（3）病理变化　病死兔病变主要在小肠，特别是空肠和回肠。小肠肠壁扩张迟缓，肠内容物呈液状、黄色或灰黄色，肠黏膜有出血斑点。肠绒毛呈多灶性融合、缩短或变钝，柱状上皮细胞脱落、扁平、胞浆空泡化，肠腺轻度到中度变深。某些肠段的黏膜固有层和下层轻度水肿。

（4）防治

①目前尚无用于本病预防的疫苗。平时加强饲养管理，增强兔群抗病力。

②发现病兔立即隔离，病死兔须及时深埋或焚烧，作无害化处理。对兔群采取抗感染疗法及支持疗法：选用丁胺卡那霉素，肌肉注射安钠咖、安乃近，静脉注射 25% 葡萄糖等，补充维生素 C。

③定期对兔舍、兔笼、用具及兔场环境进行大消毒。

114. 兔痘的病因、流行病学、临床症状和病理变化有哪些？如何防治？

兔痘是由兔痘病毒引起的一种急性、高接触性、高致死性传染病。兔痘主要感染兔呼吸道和消化道，临床上以发热、鼻腔和结膜渗出液增多、皮肤红色斑疹以及淋巴结肿大为特征。各种年龄兔皆可发生，尤其是幼兔和妊娠期母兔病死率最高，一年四季均可发生。

（1）病因　兔痘病毒属于痘病毒科正痘病毒属，为 DNA 型病毒。病毒主要存在于血液、肝、脾、睾丸、卵巢等实质脏器，脑、胆汁、尿液也含有该病毒。该病毒抵抗力较强，在室温条件下可存活几个月，干燥条件下可耐受 100℃ 5～10min；但在潮湿条件下 60℃ 10min 可被灭活，−70℃ 可存活多年。对紫外线和碱敏感，常用消毒剂可将其杀死。

（2）流行病学　兔痘只有家兔能自然感染发病，发病率没有年龄差异，但幼兔和妊娠母兔的死亡率最高。幼兔的死亡率可达 70%，成年兔的死亡率则为 30%～40%。病兔为主要传染源，其鼻腔分泌物中含有大量病毒，污染环境。呼吸道、消化道、皮肤创伤和交配是主要的感染途径。本病在兔群中传播极为迅速，常呈地方性流行或散发。

（3）临床症状　本病潜伏期 2～14d，病初发热至 41℃，流鼻液，呼吸困难。全身淋巴结尤其是腹股沟淋巴结肿大、坚硬。同时，皮肤出现红斑，发展为丘疹，丘疹中央凹陷坏死成脐状，最后干燥结痂，病灶多见于耳、口、腹背和阴囊处。结膜发炎，流泪或化脓；公母兔生殖器均可出现水肿，发炎肿胀，孕兔可流产。有时出现神经症状，主要表现为运动失调、痉挛、眼球震颤、肌肉麻痹的神经症状。本病常并发支气管肺炎、喉炎、鼻炎和胃肠炎。

（4）病理变化　病变主见皮肤、口腔、呼吸道及肝、脾、肺等出现丘疹或结节，心脏有炎性损害，淋巴结、肾上腺、唾液腺、睾丸和卵巢均出现灰白色坏死结节，相邻组织发生水肿和出血。

（5）防治

①兔痘病至今无特效治疗药物，也无兔痘疫苗进行免疫预防，故主要采取综合性防控措施来预防兔痘。

②发生疫情后，应立即隔离、消毒，扑杀病兔，病死兔尸深埋或焚烧。

③加强兔场卫生防疫，严格把好引种关，杜绝引进带病兔。

④采取对症治疗的措施。发病后，局部可用 0.1% 高锰酸钾溶液洗涤，擦干后涂抹紫药水或碘甘油。全身应用抗生素预防继发感染，如硫酸庆大霉素、盐酸强力霉素、氟哇诺酮类广谱抗生素等。

115. 兔传染性口炎的流行病学、临床症状和病理变化有哪些？如何防治？

兔传染性口炎俗称流涎病，是由水疱性口炎病毒引起的一种急性传染病。临床特征是口腔黏膜发生水疱性炎症，并伴有大量流涎。具有较高的发病率和死亡率。

（1）流行病学　消化道是主要传播途径，通过舌、嘴唇和口腔黏膜而感染。吸血昆虫可间接传播本病。饲喂霉变饲料、饮水及环境污染、口腔黏膜损伤等更易诱发本病。主要危害 1～3 月龄的幼兔，特别是断奶后 1～2 周龄的仔兔发病率最高，成年兔发生较少。各品种的兔均有易感性。本病一年四季均可发生，但以夏、秋两季最为常见。

（2）临床症状　本病潜伏期为 3～7d。病初，病兔口腔黏膜潮红、充血，随后在唇、舌、硬腭及口腔黏膜等处出现粟粒大至扁豆大的水疱，水疱内充满纤维素性液体和灰白色小脓疱。水疱破溃，形成烂斑和溃疡，同时大量流涎。随着流涎使唇周围、颌下、髯、颈、胸部和前爪的被毛湿成一片。局部的皮肤，由于经常浸湿和刺激，而发生炎症和脱毛。外生殖器也可见溃疡性的损害。常由于细菌继发感染而引起唇、舌和口腔其他部位黏膜坏死，并伴有恶臭。由于口腔损害，食欲减退或不食，随着病情加重，病兔发热、沉郁、腹泻、日渐消瘦、虚弱。一般病后2～10d衰竭而死亡。

（3）病理变化　病死兔舌、唇和口腔黏膜有水疱、小脓疱、糜烂和溃疡。咽、喉头部聚集有多量泡沫样的唾液，唾液腺肿大发红。舌黏膜上皮细胞空泡样变性，胃扩张，充满黏稠的液体，小肠黏膜有卡他性炎症变化。肾小球、肺泡萎缩，肾小管上皮细胞水疱样变性，肝血窦内有炎性细胞浸润。

（4）防治

①加强饲养管理，不喂腐烂霉变的饲料，发病后立即隔离病兔。

②定期对兔舍做好消毒防疫，尤其是夏、秋两季。

③口服磺胺二甲嘧啶，按每千克体重0.1g，每天1次，连服数天，并在饮水中添加小苏打水。

④磺胺嘧啶0.2～0.5g，维生素B_1、维生素B_2各1片/只，放在一起研磨成粉末，取适量水配成混悬剂，用注射器吸入药液，挤入病兔口腔，使其咽下，每天2次，连用2～3d。

⑤中药疗法：黄连10g、黄芩10g、青黛10g、儿茶6g、冰片6g、明矾3g研磨成粉，涂擦或撒布于病兔口腔，每天2次，连用2～3d。

116. 兔黏液瘤病的流行病学、临床症状和病理变化有哪些？如何防治？

兔黏液瘤病是由黏液瘤病病毒引起的兔的一种高度接触传染性、致死性传染病。临床上以全身皮下，尤其是颜面部和天然孔、眼睑及耳根皮下发生黏液瘤性肿胀。兔黏液瘤病是一种毁灭性的传染病，目前我国尚未发现本病的存在。

（1）流行病学　本病主要的传播方式是健康兔直接与病兔或被病毒污染的饲料、饮水、用具等接触感染。在自然界中，节肢动物（如伊蚊、库蚊、按蚊、兔蚤、刺蝇等吸血昆虫）和食肉的鸟类是重要的传播媒介。兔舍污染严重、环境卫生条件差，地势低洼潮湿，气候闷热，造成吸血昆虫大量滋生，可促使本病的发生与流行。

各种年龄的兔都可感染发病。本病只发生于家兔和野兔。家兔、欧洲野兔、高山野兔、巴西白尾灰兔、丛林白尾灰兔和佛罗里达白尾灰兔均易感。而北美黄色野兔、某些绵尾兔、欧洲的褐色野兔和山地野兔对本病具有完全的抵抗力。本病一年四季均可发生。

（2）临床症状　本病潜伏期一般为 3～7d，最长可达 14d。由于不同毒株毒力不同、不同品种兔易感性不同，临床表现有很大差异。分为以下 3 种类型：

①最急性型。病兔体温升高至 42℃，眼睑水肿，耳聋，48h 内死亡。

②急性型。发病 5～7d 后，病兔眼睑水肿，伴有结膜炎、两眼流泪，初期为黏液性分泌物，后为脓性，上、下眼睑粘连。肛门、生殖器、口和鼻孔周围发炎、水肿。由于皮下组织黏液性水肿、头部呈"狮子头"特征。后期严重者出现脓性眼结膜炎和耳根部水肿等症状，甚至出现皮肤出血和死前惊厥。

③呼吸型。病程长，主要经接触传染，一年四季均可发生。病初呈卡他性鼻炎，继而脓性鼻炎和结膜炎。皮肤病损轻微，仅在耳部和外生殖器的皮肤上见有炎症斑点，少数病例的背部皮肤有散在性肿瘤结节。有的肿瘤到第 10d 左右开始破溃，流出浆液性液体。

（3）病理变化　病死兔最典型的病变是皮肤肿瘤、皮肤和皮下组织显著水肿，特别是颜面部和天然孔周围的皮下组织水肿。患病部位的皮肤出血，皮下组织聚集有大量黄色胶冻液体。脾脏肿大，淋巴结肿大、出血，心内外膜有出血点。胃肠道黏膜下有瘀血点或瘀血斑。

（4）防治

①本病主要以预防为主，目前尚无有效治疗方法。

②严禁从有兔黏液瘤病的国家和地区引进兔种和未经消毒的兔产品，防止本病传入。

③控制传播媒介，消灭各种吸血昆虫及鸟类等。发生疫情时，要坚持采取扑杀、消毒、烧毁、免疫接种等综合措施，可有效地控制疫情。

④搞好兔舍环境卫生，清除吸血昆虫滋生场所，防止饲料、饮水及用具等污染。

⑤国外使用肖扑氏纤维瘤病毒疫苗，给 3 周龄以上的兔免疫接种，4～7d 产生免疫力，免疫期 1 年，免疫保护率达 90% 以上。或用经过兔

肾细胞人工致弱的 MSD/B 株病毒制成活毒疫苗，对兔安全可靠，并有较强的免疫效果。

117. 兔纤维瘤病的流行病学、临床症状和病理变化有哪些? 如何防治?

兔纤维瘤病又名兔肖朴氏纤维瘤病，是由纤维瘤病毒引起的兔的一种良性肿瘤性传染病。在临床上，以皮下和黏膜下结缔组织增生而形成良性肿瘤为主要特征。

纤维瘤病自 1932 年由 Shoppe 在美国新泽西州发现以来，在美国的其他几个州和加拿大均已发现了本病。我国至今未见报道。兔纤维瘤病一直在野兔群中呈地方性流行，本病感染率高、死亡快。兔舍及环境卫生条件差，适合吸血昆虫滋生的环境，均易导致本病的发生。

（1）流行病学　本病的自然感染是由吸血昆虫传播的，蚊、蚤、臭虫等为本病的主要传播媒介。易感性强，在新生兔可引起全身症状和致死性感染，但欧洲野兔有抵抗力。一年四季均可发生，但多见于吸血昆虫大量滋生的季节。

（2）临床症状　病兔头部、颈侧、肩部、腹部及四肢形成圆形、隆起、坚实的肿瘤，肿瘤最大直径可达 7cm，肿瘤表面呈灰色或黑色。因肿瘤松弛地附着于皮下和黏膜下，不与下层组织相连，故可移动。肿瘤可保持几个月，长的可达 1 年之久。病兔一般见不到其他症状，也未发现肿瘤转移部位，故呈良性经过。

（3）病理变化　病死兔感染部位的皮下组织轻度增厚，随后发展为分界明显的柔软肿块。组织病理学观察可见肿瘤是由纺锤形的纤维结缔组织细胞所组成，一般无炎性变化和坏死性变化。

（4）诊断　根据流行特点、临床症状，皮下出现触摸时可移动的肿瘤等特征性症状，结合病理组织学检查可作出初步诊断。确诊可采取病变材料接种细胞培养物或鸡胚培养进行病毒分离，并作中和试验进行鉴定，也可将病料作免疫电镜检查及动物接种试验，以予确诊。

（5）防治

①本病主要以预防为主，目前尚无有效的治疗方法。一旦发现本病，应立即进行隔离，并向上级主管部门上报。

②加强饲养管理，做好消毒防疫，搞好兔舍、兔笼、用具及环境的卫生，严格控制传播媒介，切断传播途径。

③有条件者可从国外购买肖扑氏纤维瘤病毒疫苗，给 3 周龄以上的兔免疫接种，4～7d 产生免疫力，免疫期 1 年。

（二）细菌性传染病

118. 兔巴氏杆菌病病因、流行病学和临床症状有哪些？如何防治？

兔巴氏杆菌病是由多杀性巴氏杆菌感染引起兔的一种传染病。该病传播快、病程急、发病率和死亡率均较高。

（1）病因　病原为多杀性巴氏杆菌，经呼吸道、消化道，皮肤或黏膜伤口感染，其血清型为 5∶A 和 7∶A。本菌对外界环境的抵抗力不强，在直射阳光和干燥情况下迅速死亡。加热 60℃ 10min 即死亡。对常用消毒剂敏感。由于饲养管理不善、营养缺乏、饲料突变、过度疲劳、长途运输、寄生虫感染以及气候突变、圈舍通风不良等各种应激因素，导致兔抵抗力降低，病菌趁机侵入体内，发生内源性感染。

病兔的粪便、分泌物可以不断排出有毒力的病菌，污染饲料、饮水、用具和外界环境，经消化道而传染给健康兔，或由咳嗽、喷嚏排出病菌，通过飞沫经呼吸道而传染，吸血昆虫的媒介和皮肤、黏膜的伤口也可发生传染。

（2）流行病学　本病多发于春、秋两季，常呈散发或地方性流行，病兔和带菌兔是主要的传染源，呼吸道、消化道和皮肤黏膜的破损伤口是主要的传播途径，如不采取防治措施，可造成大批发病和死亡。该病的潜伏期长短不一，一般数小时至 5d 或更长。

（3）临床症状　主要取决于病菌的毒力、数量、兔的抗病力以及感染部位，可引起全身性败血病、地方性肺炎、传染性鼻炎、中耳炎、母兔子宫炎、公兔睾丸炎、结膜炎、皮下脓肿病。最急性的病兔不见症状突然死亡。急性病兔呼吸快，流鼻涕，有的拉稀，1～2d 死亡。慢性病兔最初为浆液或化脓性鼻炎，鼻孔周围被毛潮湿、脱落、皮肤红肿发炎，随即出现支气管肺炎，伴有结膜炎。有的病兔出现结膜炎、中耳炎、皮下脓肿等病症，发生腹泻，最后衰竭死亡。根据临床表现主要分为以下 7 种类型：

①肺炎型。病初，病兔食欲不振，精神沉郁，呈急性、纤维素、化脓性肺炎和胸膜炎，常死于败血症，很少见到明显的肺炎症状。

②鼻炎型。此型为一种常见病型，主要表现为呼吸道炎症。临床特征为浆液性、黏液性或黏液脓性鼻汁，上呼吸道呈卡他性炎。病兔常打喷嚏、咳嗽。由于分泌物刺激鼻黏膜，病兔常用前爪抓擦外鼻孔，使局部被毛潮湿、黏结，甚至脱落。严重时分泌物堵塞鼻孔，致使呼吸困难。唇及鼻孔周围皮肤肿胀、发炎。

③败血症。食欲废绝，精神沉郁，呼吸困难，体温升高到40℃以上，鼻腔有浆液性、黏液性分泌物，有时可见腹泻、眼结膜发炎。临死前体温下降，四肢抽搐，24h内死亡。有的病兔流行初期无明显临床症状，即迅速死亡的病例。

④中耳炎型。单纯的中耳炎可能无临床症状。当感染扩散到内耳及脑部时，病兔表现为斜颈、吃食及饮水困难、体重减轻、脱水。如感染扩散到脑膜及脑实质，则可出现运动失调和其他神经症状。

⑤结膜炎型。眼睑中度肿胀，结膜发红，初期有大量浆液性、黏液性分泌物，后期变为脓性分泌物，常将上下眼睑粘住。慢性者常出现流泪，有的导致眼球化脓，甚至出现面部脓肿。

⑥脓肿型。全身各部皮下和内脏器官（如肺、肝、脑、心等）发生脓肿，脓肿转移可引起脓毒败血症死亡。

⑦生殖器官型。多发生于成年兔，母兔易发，常表现为不孕，阴道流出黏液性分泌物。如转为败血症往往引起死亡。其他类型的病兔，病原也可转移到生殖系统，引起感染。

（4）病理变化

①肺炎型。病死兔呈现小叶性肺炎（红色实变）、纤维素性胸膜肺炎、脓肿和灰白色小结节病灶4种形式。

②鼻炎型。病兔鼻黏膜充血、肿胀、增厚，鼻窦和副鼻窦黏膜红肿，鼻腔内积有大量浆液性、黏液性或脓性分泌物。

③败血症。呼吸道和消化道黏膜充血、出血。气管内有大量红色泡沫样液体，肺充血、出血、水肿，心内、外膜出血，肝脏有散在小点坏死灶，脾肿大，淋巴结肿大、出血等。

④中耳炎型。一侧或两侧鼓室有奶油状白色渗出物，鼓膜和鼓室内壁变红。有时鼓膜破裂，脓性渗出物流出外耳道。如感染扩散到脑，可见化脓性脑膜脑炎的病变。

⑤结膜炎型。病死兔结膜红肿，眼内有浆液性、黏液性或脓性分泌物。

⑥脓肿型。可见全身各部皮下、胸壁、乳腺、淋巴结及内脏器官有大小不一的脓肿。

⑦生殖器官型。病死兔子宫发炎，子宫蓄脓，腹膜炎，腹腔中有大量黄色液体。病死公兔有睾丸炎和副睾炎。

（5）防治

①加强饲养管理，搞好兔舍笼食具卫生清洁，干燥，定期消毒。

②预防。每隔半年用兔巴氏杆菌或用禽巴氏杆菌进行一次预防注射，每只兔皮下注射 2mL，是防止巴氏杆菌发生和流行的有效方法。

③兔场发生巴氏杆菌病时，应进行紧急预防注射。除未断奶仔兔外，每只兔皮下注射巴氏杆菌苗 2～3mL。

④病兔用伤寒痢疾灵治疗，大兔每只注射伤寒痢疾灵 1mL，小兔酌减，每天 2 次，连续 3d。

⑤用链霉素每千克体重 10 000 单位，肌肉注射，每天 2 次，连续 3～5d。

⑥磺胺嘧啶每千克体重 0.05～0.2g，每天 3 次，连续 5d。

⑦每只兔用中药黄连、黄芩、黄檗、黄栀子、大黄各 3g，水煎服，有一定的防治效果。

⑧做好清洁卫生，兔舍、兔笼、场地用 0.5％菌毒敌或 0.02％的百毒杀溶液消毒。

⑨及时淘汰疑似巴氏杆菌和患巴氏杆菌的病兔。

119. 兔大肠杆菌病病因、临床症状和病理变化有哪些特征? 如何防治?

兔大肠杆菌病是由病原性大肠埃希氏菌所引起的一种传染性、暴发性、顽固性兔病，同时也是一种人畜共患病。临床表现为腹泻和败血症，其中主要是腹泻，尤其以幼兔为主要感染者，死亡率达 50％以上（图 5-1）。

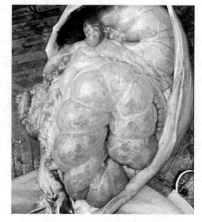

（1）病因　主要以 018、085 型等大肠杆菌引起 1～4 月龄幼兔发病，一年四季均可发生。大肠杆菌侵入肠道，产生大量的毒素而引起腹泻，甚至死亡。兔场一旦发生本病后，常在同场地、兔笼污染而引起大流行，造成大批仔兔死亡。

图 5-1　大肠杆菌感染

（2）临床症状　本病的主要特征是腹泻和流涎（流清口水）。病兔精神沉郁，被毛粗乱，腹部膨胀，剧烈腹泻，拉黄色至棕色水样稀粪，常有大量透明胶冻状粪和一些两头尖的干粪。病兔四肢发冷、磨牙、流涎。一般1～2d死亡，多者7d死亡，很少康复。

（3）病理变化　腹膜腔内有积水，胃膨大，充满大量液体和气体，胃壁水肿，胃黏膜脱落并有出血点。十二指肠通常充满气体和染有胆汁的黏液。空肠扩张，充满气体及淡黄色胶样液体。肠内容物呈胶样，结肠扩张，有透明样黏液。盲肠内有少量内容物呈水样并有气体，结肠和直肠充满胶冻样黏液。粪球细长，两头尖，外面包有黏液，也有的包有一层灰白胶冻分泌物。病程长者可见结肠和盲肠浆膜充血，或有出血点（斑）。肝呈铜绿色或暗褐色，胆囊扩张，黏膜水肿。有的病兔心脏和肝局部有针尖样坏死病灶。肾肿大，呈暗褐色或土黄色，表面和切面有大量出血点。膀胱内因充满尿液而极度膨大。肺充血或出血。

（4）防治

①无病兔场对断奶仔兔的饲料应逐渐更换，防止突然改变。发病兔即进行隔离治疗。兔笼、舍和用具及场地进行消毒。

②仔兔25日龄时，每只兔皮下注射2mL大肠杆菌多价菌苗，种兔每半年一次，剂量相同。

③对污染的兔舍、兔笼、用具进行全面消毒，可用1%烧碱溶液，以消灭病原。

④对其余兔群进行药物群防，可在饮水中添加恩诺沙星，浓度为0.05g/L，持续5d。

⑤治疗：每千克体重用链霉素20mg，肌肉注射，每天2次，连用3～5d。也可用庆大霉素或卡那霉素肌肉注射大兔2mL、小兔1mL。同时，给病兔喂促菌生、酵母片或乳酶生等健胃消食药。

⑥对病兔群进行抢救疗法：选用高敏药物（如恩诺沙星），按治疗剂量自由饮服（饮服前应停水1～2h，同时保证药液在20min内服完），持续5d；对症状严重病例，应进行肌肉注射治疗，按治疗剂量，每天2次，持续5d；对腹泻兔，应饮水或腹腔注射补充葡萄糖生理盐水。

120. 治疗兔大肠杆菌病应注意哪些问题？

在临床治疗过程中，应掌握兔大肠杆菌病发生的原因、临床表现及治疗方法，其治疗时应注意以下6点：

（1）应避免长期使用相同的几种药物，及时对药物进行更新，以免出现耐药性；发病兔场用药须对药物进行筛选，最好是在药敏结果的基础上进行用药，提高药物使用效果。

（2）使用抗生素治疗大肠杆菌病的同时，应辅以人工补液盐口服，缓解临床症状，稳定病情，降低死亡率。

（3）使用自制灭活苗进行预防接种时，应将多价苗与自家分离苗相结合，并在平时不断分离致病性大肠埃希氏菌菌株，鉴定血清型并保存；制苗时，将不同血清型菌株加进去，预防效果更好。

（4）断奶前后仔兔饲料更换应逐步进行，防止肠道菌群紊乱、出现拉稀等症状。

（5）平时应注意兔舍卫生打扫和常规消毒，发病时应进行集中打扫和全面消毒。

（6）中草药对兔大肠杆菌病有较好的治疗效果，且不易产生耐药性。可用黄檗、黄连、板蓝根、蒲公英、茯苓等，达到清热、解毒、止泻、健脾的功效。

121. 兔沙门氏菌病流行病学、临床症状和病理变化有哪些？如何防治？

兔沙门氏菌病又叫副伤寒，是由肠炎沙门氏菌或鼠伤寒沙门氏菌感染引起兔的一种多型性、暴发性传染病，同时也是一种人畜共患病。以发热（体温 40～41℃）、下痢（排绿色清稀粪）、急剧消瘦和孕兔流产为特征。

（1）流行病学　本病一年四季均可发病，以 6～8 月份居多。各种年龄的家兔、野兔均可感染，1～2 月龄仔兔和怀孕 25d 后的母兔最易发病。病兔和带菌兔是主要的传染源。鼠类、鸟类及苍蝇也能传播本病。主要传播途径是消化道，幼兔经母兔子宫内膜及脐带感染。健康兔常因吃了被污染的饲料、饮用了被污染的水而发病。健康兔肠道内在正常情况下也寄生有沙门氏菌，在管理条件不善、气候变化大、卫生条件差、兔机体抵抗力下降时，病原体可大量繁殖，也会引发本病。

（2）临床症状　该病潜伏期为 3～5d。少数病兔呈急性型，无明显症状而突然死亡。一般表现为急性型和慢性型，主要特征为幼兔腹泻和败血症死亡，怀孕母兔主要表现为流产。病兔精神沉郁，食欲废绝体温升高，呼吸困难，腹泻，排出有泡沫的黏液性粪便，有恶臭味。母兔从阴道内排出脓性或黏性液体，阴道黏膜潮红、水肿。孕兔发生流产后多数死亡，少数康复兔不易再受孕。流产胎儿多数已发育完全，胎儿体弱，皮下水肿，很快死亡，也有的胎儿木乃伊化或腐烂。哺乳幼兔发病后常突然死亡。

（3）病理变化　急性死亡的病兔呈败血症病变，多数病兔内脏器官充血或有出血斑，胸、腹腔有大量积液和纤维素性渗出物。病程较长的，可见气管黏膜充血和出血、有红色泡沫，肺水肿、实变，脾肿大呈暗红色，肾肿大，肝表面有灰黄色坏死灶，部分兔胆囊外表呈乳白色，较坚硬，内为干酪样坏死组织。胃黏膜出血，肠黏膜充血、出血。圆小囊和蚓突有弥漫性针尖状至粟粒状大小灰白色坏死病灶，肠系膜淋巴结充血、水肿，局部坏死形成溃疡，溃疡表面附着淡黄色纤维素性坏死物。流产病兔的子宫粗大，子宫腔内有脓性渗出物，子宫壁增厚，黏膜充血，有溃疡，其表面附着纤维素性坏死物。未流产病兔的子宫内有木乃伊化或液化的胎儿。阴道黏膜充血，表面有脓性分泌物。

（4）防治　根据临床症状、病兔死兔剖检病变，可进行初步诊断。如要确诊，需进行病原分离和生理生化鉴定。要有效防治兔沙门氏菌病，需在分离鉴定病原菌的基础上，进行药物敏感性试验，筛选出敏感药物，指导临床用药。

①及时隔离发病兔群，防治交叉感染；对病死兔进行深埋或焚烧等无害化处理。

②对兔舍、兔笼、用具进行全面清洗消毒。

③加强饲养管理，提高兔抗病力。

④兔群用沙门氏菌苗接种，每只兔每次皮下注射沙门氏菌菌苗 2mL。

⑤病兔用庆大霉素肌肉注射，成年兔 2mL，幼兔 1mL，每天 1～2 次。

⑥选用磺胺二甲嘧啶，口服，每千克体重首次剂量 0.2～0.3g，维持量减半，每天 2 次，连用 3～5d。

122. 治疗兔沙门氏菌病应注意哪些问题?

在临床治疗过程中，应掌握兔沙门氏菌病发生的原因、流行病学、临床表现及治疗方法，其治疗时应注意以下 3 点：

（1）沙门氏菌抵抗力较强，在自然条件下可存活数月以上，对干燥、日光等均有一定抵抗力。该菌能产生耐热的肠毒素，即使加热至 100℃仍有活性，所以人食用死兔肉后往往会中毒。因此，对病死兔或重症病兔应扑杀后焚烧或深埋。

（2）病兔治愈后仍可能带菌，且具有传染性。故病愈兔不能与健康兔群混群饲养，最好及时淘汰，杜绝后患。

（3）使用鼠伤寒沙门氏菌灭活苗预防注射，应在发病季节前 30d 进行，170d 后再注射 1 次，以增强免疫效果，增加兔群抵抗力。

123. 兔波氏杆菌病流行病学、临床症状和病理变化有哪些? 如何防治?

兔波氏杆菌病又叫兔支气管败血波氏杆菌病，是由支气管败血波氏杆菌感染引起兔的一种常见呼吸道细菌病，同时也是一种人畜共患病（图 5-2）。

（1）**流行病学** 本病多发于气候多变的春秋两季，主要经呼吸道感染。病菌常存在于兔的呼吸道中，因气候突变、感冒、寄生虫病等因素影响使仔兔感染，或母兔本身患有此病而传染，或其他诱因如灰尘、强烈刺激性气体刺激上呼吸道黏膜时，都易引发此病。鼻炎型常呈地方性流行，而支气管肺炎型

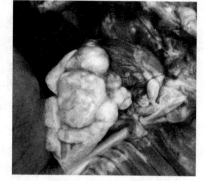

图 5-2 兔波氏杆菌病

多呈散发性。成年兔常为慢性，仔兔与青年兔多为急性，本病也可与巴氏杆菌病或李斯特菌病并发。

（2）**临床症状** 仔、幼兔感染波氏杆菌，发病多为急性，成兔感染波氏杆菌发病为慢性。根据发病程度不同，可分为鼻炎型、支气管肺炎型、败血型。

①鼻炎型。鼻炎型为最常见，从鼻腔内流出浆液性、黏液性或脓性分泌物，在两侧鼻孔内结痂，形成鼻漏。病兔经常打喷嚏或咳嗽，用爪抓鼻孔，导致周围毛潮湿或脱落，可诱发面部皮炎、结膜炎、中耳炎等。严重的病兔，日渐消瘦，呼吸困难或急促，体温升高达 40℃以上，

死亡迅速。

②支气管肺炎型。往往是鼻炎继发病，食欲减退，呼吸困难，日渐消瘦。

③败血型。病兔精神委顿，对外来刺激无反应，不吃草料、呼吸急促，体温升高达 40℃以上，迅速死亡。

（3）病理变化

①鼻炎型。鼻黏膜潮红，附有浆液性或黏液性分泌物，鼻孔周围被分泌物污染。

②支气管肺炎型。支气管黏膜充血、出血，管腔内有黏液性或脓性分泌物，肺有大小不等、数量不一的脓肿，小如粟粒，大如乒乓球，脓疱内积满黏稠乳白色的脓汁。有时胸膜及肝、肾、睾丸等有豆状至蚕豆大的脓疱。此外，尚可见胸膜炎、心包炎、胸腔积脓和肌肉脓肿。

③败血型。表现为全身性出血、充血、坏死。鼻腔黏膜充血、出血，鼻孔流出黏性液体，支气管黏膜充血、出血。

（4）防治

①加强饲养管理和清洁卫生消毒工作。

②立即对发生疫情兔群进行隔离，及时淘汰重病兔，死兔和重病兔扑杀后进行焚烧或深埋等无害化处理。

③进行有效的药物治疗。兔波氏杆菌病是建立在分离鉴定支气管败血波氏杆菌后的药敏试验基础上的，通过药敏试验，筛选出有效药物，按治疗剂量，通过滴鼻或饲喂等方式给药。

④用波氏杆菌菌苗（或联苗）接种健康兔，每只兔皮下注射 2mL波氏杆菌菌苗，每半年一次，有预防效果。

⑤病兔可用卡那霉素成年兔 2mL/只，幼兔 1mL/只；庆大霉素成年兔 4 万～8 万单位/只，幼兔 1 万～4 万单位/只；或每千克体重 0.2g磺胺类药物治疗。

124. 治疗兔波氏杆菌病时应注意哪些问题？

在兔养殖过程中，很容易因兔波氏杆菌病侵害而造成一定的经济损失，甚至产生极其严重的危害。所以，必须加大对兔波氏杆菌病的防控力度，并熟悉兔波氏杆菌病发生的原因、临床表现及治疗方法，其治疗时应注意以下 3 点：

（1）用微量凝集试验检测兔血清，及时了解兔群感染情况，制订并实施有效的药物治疗和菌苗预防方案，可最大限度地预防兔波氏杆菌病发生。

（2）实验证明，通过呼吸道疗法，很难彻底治愈兔波氏杆菌病。特别是当肺部发生化脓时，根本无法治愈。因此，对于兔波氏杆菌病治疗应在发病初期。

（3）制定和实施严格的兔场日常防疫管理，加强清洁、消毒、灭鼠、灭蝇工作可有效降低发病概率。

125. 兔魏氏梭菌病流行病学、临床症状和病理变化有哪些? 如何防治?

兔魏氏梭菌病是由 A 型魏氏梭菌及其外毒素引起的一种死亡率极高的急性胃肠道疾病。该病特征为急性腹泻，粪稀、量多、呈黑色，可嗅到特殊的腥臭味，传播迅速，发病 6～12h 死亡。

（1）病因　吃了被病兔污染的饲草、饲料、饮水经消化道感染。不同品种、年龄、性别均可发病，獭兔最易感，但以 1～3 月龄的仔、幼兔多发，常因气候寒冷、潮湿、饲草和饲料的改变、饲养管理不善和饲料粗纤维不足易诱发本病。

（2）流行病学　本病的主要传染源是病兔。魏氏梭菌广泛存在于土壤、粪便和消化道中。消化道是主要的传播途径。膘情好、食欲旺盛的兔以及纯种毛兔和皮兔更易感染。本病一年四季均可发生，以冬、春季节最为常见，发病快，死亡率高。

（3）临床症状　本病以发病急、粪稀、量大、呈黑色、有特殊的腥臭味为特征。有传染性，死亡快，一般药物治疗无效。病兔精神不振，不吃草料，不饮水，初期排出灰褐色稀粪，逐渐呈黑褐色水样粪便，有腥臭味。有的粪中带有血样黏液，肛门附近及后肢被毛被粪便污染，嘴及后肢脏臭。出现泻水样粪便的病兔当天或第二天死亡。绝大多数为最急性型，少数病程达 1 周左右，最终病兔消瘦衰竭而死。

（4）病理变化　尸体脱水，消瘦，腹腔内腥臭味较浓，胃肠黏膜脱落，可见到胃壁黏膜处有大小不等的黑色溃疡，肠壁明显充血、出血，肠内容物稀薄，盲肠浆膜有明显出血，呈横行条带形，肠内充满气体和黑色水样粪便，味腥臭。

（5）防治

①严格隔离病兔，严格对病兔污染用具、笼舍消毒，防止交叉

感染。

②仔兔断奶后，每只兔皮下注射 2mL A 型魏氏梭菌菌苗。以后每年一次，剂量相同。

③兔场如发生魏氏梭菌病，紧急预防接种 A 型魏氏梭菌菌苗，是控制本病发生的有效措施。有种用价值的种兔，可采用特异性高免血清治疗，每千克体重 2~3mL，皮下或肌肉注射，每天 2 次，连用 2~3d，有一定疗效。

④给兔群适量喂一些含粗纤维较高的饲草，如已经开始抽穗的黑麦草、鸭茅或黄豆秆、野青蒿、稻草等。

⑤做好清洁消毒，用 0.5％菌毒敌溶液消毒。

⑥病死兔应进行深埋或焚烧处理。

126. 兔葡萄球菌病流行病学、临床症状和病理变化有哪些? 如何防治?

兔葡萄球菌病是由溶血性金黄色葡萄球菌感染所引起兔的一种常见传染病。其特征是致死性败血症和各器官的化脓性炎症。常表现为脓毒败血症、急性肠炎、乳房炎、皮炎、脓肿等。可危害不同年龄兔，死亡率极高。

（1）病因　由金黄色葡萄球菌经皮肤和黏膜伤口等不同途径（如创伤、擦伤、抓伤、毛囊或汗腺，新生仔兔损伤脐带，飞沫及母兔的乳头等）都可感染引起发病。

（2）流行病学　各种动物对本病都有易感性，但兔最敏感，各年龄段的兔都可感染，长毛兔、成年肉兔和皮兔多见，在抵抗力降低时更易发病。金黄色葡萄球菌可通过各种途径感染，常经皮肤、伤口感染，也可通过呼吸道、消化道等途径感染，哺乳母兔的乳头是本菌进入机体的重要途径。本病一年四季均可发生。

（3）临床症状　根据病原菌侵入的部位和继续扩散的形式不同，表现出转移性脓毒血症、脚皮炎、乳房炎、仔兔急性肠炎、仔兔脓毒败血症。

①转移性脓毒血症。病初在兔体各部位的皮下、肌肉或内脏器官中形成大小不一的脓肿，不易察觉。时间稍长，可摸到核桃大小、柔软有弹性的脓肿。脓肿破裂，流出白色黏稠的脓汁。脓汁污染皮肤的其他破伤处，则发生新的脓肿，称为转移性脓毒血病。病兔如发生全身感染，

则出现败血症而迅速死亡。

②脚皮炎。兔笼底板表面粗糙或边缘锐利，兔脚掌或趾部皮肤磨破或划伤感染，脚底起初发红，稍肿胀、脱毛，继而化脓，形成经久不愈的出血溃疡面（图 5-3）。病兔吃草料减少，不愿活动，消瘦。病腿后肢抬起，怕负重，不敢触地，很小心地换脚。逐渐消瘦，有时啃咬患部，出现全身感染，呈败血症死亡。

图 5-3 脚皮炎

③乳房炎。当乳房或腹部皮肤受刺伤和被仔兔咬伤乳头而感染。急性乳房炎，病兔体温升高达 40℃ 以上，精神沉郁，吃草料减少。乳腺肿胀，皮肤发红，以后变青、变紫，乳汁中混有脓汁和凝乳块，有时带血，拒绝哺乳。慢性乳房炎时，触摸乳房手感有大小不一散在硬块，逐渐软化形成脓肿，有时从乳头里流出带脓血的乳汁。严重时，病兔则不食草料，拒绝哺乳。病程加剧时，可造成全身性感染死亡。

④仔兔急性肠炎，又称仔兔黄尿病。仔兔吃了患乳房炎母兔的乳汁而引起发病。一般全窝发病，病仔兔排黄尿，肛门周围和后肢被毛潮湿、腥臭，有的沾污粪便，2～3d 死亡。

⑤仔兔脓毒败血症。常因母兔带菌传给仔兔，创伤也可感染。初生 2～3d 的仔兔，在皮肤上形成粟粒大小白色脓肿，很多病兔在 2～5d 后，因败血症而死。未死的病兔脓肿逐渐变干，消失而恢复。

（4）病理变化

①转移性脓毒败血症。病兔和死兔的皮下、肌肉及心、肺、肝、脾等内脏器官，以及睾丸、附睾和关节有脓肿。在多数情况下，内脏脓肿常由结缔组织构成包膜。皮肤脓肿常形成结节，结节内脓汁呈乳白色乳油状。少数病兔引起骨膜炎脊髓炎、心包炎和胸腹膜炎等，此外，还可引起胆囊脓肿、胃外脓疱等。

②脚皮炎。病兔患部皮下有较多乳白色乳油样脓液。

③乳房炎。病兔全部乳腺呈紫红色结缔组织，质地较硬，无脓性分泌物，乳腺内无乳汁分泌。

④仔兔急性肠炎。病兔肠黏膜（尤其是小肠）充血、出血，肠腔充满黏液。膀胱极度扩张，并充盈尿液。

⑤仔兔脓毒败血症。患部的皮肤和皮下出现小脓疱为最明显的变

化，脓汁呈乳白色乳油状，多数病例的肺和心脏上有很多白色小脓疱。

（5）防治

①消灭苍蝇、老鼠，消除传播媒介。搞好饲草料、饮水卫生，防止污染。搞好笼舍、用具，环境清洁卫生，及时进行消毒。

②对污染的兔舍、兔笼、用具进行全面消毒，可用1‰烧碱溶液，以消灭病原。

③怀孕母兔在产仔前后，适当减少精料，以防乳汁过多、过浓引起乳房炎。乳汁过多、过浓时，母兔适当减少多汁饲料。

④健康兔可皮下注射1mL金黄色葡萄球菌培养液制成的菌苗，预防本病。

⑤经常检查，发现病兔立即隔离治疗或淘汰。病死兔要深埋或焚烧。

⑥预防仔兔黄尿病，在母兔产仔后肌肉注射一次大黄藤素，每天2mL，或喂给新诺明片。

⑦病兔可用卡那霉素每千克体重5~15mg，肌肉注射、每天2次；局部病患经剪毛、清创、消毒后，涂擦红霉素或青霉素软膏。

127. 兔链球菌病流行病学、临床症状和病理变化有哪些？如何防治？

兔链球菌病是由β型溶血性链球菌感染引起兔的一种多型性、暴发性流行、高致死性的细菌疾病，β型溶血性链球菌同时也是一种人畜共患病原菌。兔链球菌病临床表现多种多样，常引起多种化脓疮、败血症和各种局灶性感染。

（1）流行病学　病兔和带菌兔是主要的传染源，主要经呼吸道、受损皮肤、黏膜等途径感染，还可经消化道传播。本病一年四季均可发生，但以春、秋两季多见。不同年龄、性别兔都可发生，但对幼兔的危害更大。

（2）临床症状　病理表现多为急性、热性、败血型，发病初期精神不振，食量减弱或停食，体温升高；后期多俯卧，四肢麻痹，伸向外侧，头贴地，强行运动呈爬行姿势，鼻腔流出白色浆液或黄色脓性鼻液，间歇性下痢；也可表现为中耳炎，歪头，行走滚转。

（3）病理变化　皮下组织出血、水肿，脾肿胀，肝、肾呈脂肪变性，出血性肠炎。

（4）预防

①加强饲养管理，定期消毒，防止兔受凉感冒，减少应激因素，可适当添加维生素，增强兔体抗病力。

②对污染的兔舍、兔笼、用具进行全面消毒，可用 1% 烧碱溶液，以消灭病原。

③陈旧垫草及时焚烧，兔粪及时进行无害化处理。

④对假定健康兔群选用预防剂量诺氟沙星或庆大霉素进行预防，交替用药，持续 3~5d；或用自家分离的菌株制灭活苗进行紧急接种。

⑤定期服用磺胺类药物预防，按每只兔 50~100mg，每天 2 次，连用 5d。

（5）治疗

①每只兔肌肉注射青霉素 10 万单位或红霉素 50~100mg。每天 2~3 次，连用 3~5d。

②如有脓肿，应切开排脓，用 2% 洗必泰冲洗，涂碘酒，每天 1 次；或用 1% 过氧化氢溶液冲洗，涂以碘酒，每天 1 次，连用 3~5d。

128. 兔李斯特菌病流行病学、临床症状和病理变化有哪些？如何防治？

兔李斯特杆菌病又叫李氏杆菌病，是由产单核细胞李斯特菌引起兔的一种多型性、散发性传染病，也是一种人畜共患传染病。临床常表现为多突然发病、脑膜炎、流产、急性死亡、坏死性肝炎和心肌炎，以及单核细胞数增多。

（1）流行病学

①传播途径。一是采食被带菌动物（如鼠）粪污染的饲料，经消化道而感染发病；二是兔场靠近村庄或城镇，由老鼠或蚊虫叮咬传播；三是由患病兔污染的饲料、饲草、饮水和用具等引起。

②高发年龄。各种年龄的兔都可感染发病，但幼兔及孕兔易感性最高，发病急，致死率也高。

③易发品种。各品种的兔均有易感性。

④常发季节。本病一年四季均可发生，但多发于冬季或早春季节。常呈散发性。

⑤致病因素。冬季缺乏青饲料、青饲料发酵不完全、气候突变、内寄生虫或沙门氏菌感染等，均可成为本病发生的诱因。

（2）临床症状　本病潜伏期 2～8d。根据临床表现，分为以下 3 种类型：

①急性型。幼兔突然发病，体温可达 40℃以上，精神沉郁，侧卧，口吐白沫，颈、背和四肢抽搐，低声嘶叫，鼻黏膜发炎，流出浆液性、黏液性、脓性分泌物，多在数小时或 1～2d 内死亡。

②亚急性型。主要表现为子宫炎及脑膜炎。孕兔精神沉郁，在产前 5～7d，从阴道流出暗红色或褐色分泌物，然后流产，甚至死亡。流产康复后的母兔常造成不孕。脑膜炎型病兔主要表现为中枢神经系统机能障碍，精神委顿，食欲废绝，全身震颤，做转圈运动，头劲偏向一侧，运动失调，一般经 4～7d 死亡。

③慢性型。主要表现为子宫炎或脑膜炎。幼兔表现精神沉郁、眼睛半闭、体温升高、食欲废绝，以及严重的脓性结膜炎、口吐白沫、鼻流黏液性分泌物；孕兔主要表现为流产、拉稀和神经症状，最后呈角弓反张、抽搐，多在 2～5d 内因衰竭而死。

（3）病理变化

①急性与亚急性型。病死兔肝脏、心肌、肾、脾有散在性或弥漫性、针尖大的淡黄色或灰白色的坏死点；淋巴结肿大或水肿；胸、腹腔或心包内有多量清亮的液体；皮下水肿，肺出血性梗死或水肿。

②慢性病型。除有上述病变之外，子宫内积有化脓性渗出物或暗红色的液体。孕兔子宫内有变性胎儿或灰白色凝乳块状物，子宫壁增厚，有坏死灶。有的脑膜和脑组织充血或水肿。

（4）防治

①疫情暴发后，及时隔离病兔群，病死兔进行深埋或焚烧等无害化处理；其次病兔在严格隔离的情况下，进行抢救性治疗：选用高敏药物（根据病原菌药敏试验结果），按治疗剂量肌肉注射，每天 2 次，持续 5d。同时，可配合中药（如黄芪、茯苓、柴胡等）进行治疗。

②对被污染的粪、尿和垫草进行深埋或焚烧，污染的兔舍、兔笼及用具进行全面消毒，可用 1％烧碱溶液，持续一周，以消灭病原。

③对假定健康兔群选用预防剂量的诺氟沙星或磺胺嘧啶钠进行预防，交替用药，持续 3～5d；或用自家分离的菌株制灭活苗进行紧急接种。

④加强饲养管理，可适当添加维生素，增强兔体抗病力。

⑤金银花 3g、板蓝根 3g、野菊花 3g、钩藤 3g、茵陈 3g、车前子 3g，水煎内服或拌料喂服，每天 2～3 次，每天 1 剂。在临床应用中，惊厥、抽搐严重者可再加蜈蚣、地龙；结膜炎者用金银花制眼药水滴

眼，每次 2～3 滴，每天 2～4 次，连用 4d。

129. 兔绿脓杆菌病流行病学、临床症状和病理变化有哪些? 如何防治?

兔绿脓杆菌又名兔绿脓假单胞菌病，是由绿脓杆菌引起的兔的一种散发性传染病。临床上以出血性肠炎、肺炎和皮下脓肿为主要特征。

（1）流行病学 绿脓杆菌种类繁多，有 140 余种，其中能经常引起动物与人类发病的有 20 多种，广泛存在于自然界，在人、畜的肠道、呼吸道和皮肤上也可出现，属于动物偶然寄生菌。本病广泛分布于世界各国。病兔及带菌动物的粪便、尿液和分泌物所污染的饲草、饲料和饮水等是主要传染源，对多种家畜、实验动物、野生动物及人类致病作用很强，可经消化道、呼吸道及伤口感染。有时当不合理使用抗生素预防和治疗兔病时也可诱发本病。本病一年四季均可发生，多呈散发性。

（2）临床症状 兔突然发病，食欲不振，昏睡，体温升高，精神沉郁，呼吸困难，鼻腔和眼流出分泌物，下痢，排血样稀粪。最急性病例在 24h 左右死亡。慢性病例除腹泻外，皮肤出现脓肿，病灶散发特殊气味，一般经 1～3d 死亡。

（3）病理变化 胃、胸、腹腔内有血样液体，肠道内尤其是十二指肠、空肠黏膜出血，肠腔内充满血样液体。肺肿大呈深红色，点状出血，肝样变，有的病例在肺部形成淡绿色或褐色黏稠的脓液。心包腔积有血样液体，肝可见突变和脓肿病灶，脾肿大，浆膜表面有出血点或血斑等。

（4）防治

①平时应加强饲养管理，搞好饮水和饲料卫生，防止水源及饲料被污染。同时，做好防鼠与灭鼠工作，严禁其他动物进入兔场。

②一旦发病应立即隔离病兔进行治疗，定期对兔舍、兔笼及用具进行消毒。

③对被污染的粪、尿和垫草、病死兔进行深埋或焚烧。

④发病兔场可用绿脓杆菌多价灭活菌苗进行免疫预防。每只兔皮下注射 1mL，半年后加强免疫 1 次。

⑤每千克体重多黏菌素 2 万单位，加磺胺嘧啶 0.2g，混于饲料内饲喂，每天 1 次，连喂 5d。

⑥每千克体重肌肉注射新霉素 2 万～3 万单位，或每只兔庆大霉素 2 万单位，每天 2 次，连用 5d。

130. 兔伪结核病的病因、流行病学、临床症状和病理变化有哪些？如何防治？

兔伪结核病是由兔伪结核耶尔森杆菌引起的兔的一种多型性、慢性、地方流行性传染病。临床上以肠道、肝、脾、肾、淋巴结等器官有粟粒状干酪样坏死性结节为主要特征，与结核分枝杆菌形成的结节相似，因此称为伪结核病。

（1）病因 兔伪结核病的发生、流行，与兔体抗病力低下密切相关。当外界各种不良因素导致兔体抗病力下降或免疫功能受抑制时，兔群易于发生伪结核病。

（2）流行病学 本菌在自然界分布广泛，主要经消化道感染，也可由皮肤伤口、交配和呼吸道而感染。啮齿类动物是本菌的自然宿主，故兔很容易自然感染发病。本病多呈散发，偶尔为地方性流行。

（3）临床症状 本病为慢性消耗性疾病，病兔不表现明显的临床症状，一般表现为食欲不振，精神沉郁，腹泻，进行性消瘦，被毛粗乱，最后极度衰弱而死。多数病兔有化脓性结膜炎，腹部触诊可感到有肿大的肠系膜淋巴结和肿大坚硬的突起。少数病例呈急性败血性经过，体温升高，呼吸困难，精神沉郁，食欲废绝，很快死亡。

（4）病理变化 病兔尸体消瘦，被毛蓬乱，回盲部圆囊和蚓突壁肿大、肥厚，有粟粒状灰白色坏死结节；肠系膜淋巴结肿大，有灰白色的坏死灶。肝、肺有无数灰白色干酪样小结节。脾肿大，最大可达 5 倍，表面有粟粒状结节。肠黏膜也可增厚，起皱，表面似脑回。因急性败血症死亡者，肝、脾、肾严重瘀血肿胀，肠壁血管极度扩张，肺和气管黏膜出血，肌肉呈暗红色。组织学上，伪结核病结节主要由中心部的干酪样坏死和外围部的上皮样细胞组成。

（5）防治

①加强饲养管理，定期消毒、灭鼠，防止饲料、饮水及用具污染。

②免疫接种伪结核耶尔森杆菌多价灭活菌苗，每只兔颈部皮下注射 2mL，免疫期 6 个月，每年注射 2 次。

③由于本病活体难以确诊，又无特效药物治疗，同时，本病也可引起人的急性阑尾炎、肠系膜淋巴结炎和败血症，所以对患病动物一般不做治疗，予以淘汰。如有必要治疗时，可用链霉素、卡那霉素，但效果不佳。

131. 兔泰泽氏病的病因、病流行病学、临床症状和病理变化有哪些？如何防治？

兔泰泽氏病是由毛样芽孢杆菌所引起的一种兔传染病。临床上以严重下痢、排水样或黏液样粪、脱水和迅速死亡为主要特征。

（1）病因 由于天气炎热、卫生条件差、兔舍饲养密度大、饲养管理不当、长途运输和磺胺类药物内服不当等因素均可诱发本病。

（2）流行病学 本病流行于很多国家和地区，是兔的一种重要传染病，死亡率高达 95%。因此，对养兔业造成重大的经济损失，构成严重的威胁。消化道是主要传播途径，也可经胎盘传染。各种年龄的兔都可感染发病，6～12 周龄的兔最易感，其发病率与病死率很高。本病一年四季均可发生，秋末至春初多发。

（3）临床症状 病兔精神沉郁，食欲废绝，腹泻严重，粪便呈褐色糊状至水样，迅速脱水，常于发病后 12～48h 死亡。

（4）病理变化 病死兔盲肠黏膜弥漫性充血、出血，肠壁水肿，盲肠充满气体和褐色糊状或水样内容物，回肠、蚓突部有暗红色坏死灶。肝脏肿大，有灰白色条纹状坏死灶。脾脏萎缩，肠系膜淋巴结水肿。心肌有灰白色条纹、斑点或片状坏死区。

（5）防治

①加强饲养管理，注意兔场卫生，定期进行消毒，消除各种应激因素。

②隔离或淘汰病兔，防止病原菌扩散。对兔排泄物、病死兔进行深埋或焚烧。

③肌肉注射青霉素，按每千克体重 2 万～4 万单位，或链霉素每千克体重 20mg，每天 2 次，连用 3～5d。青霉素和链霉素联合使用，效果更明显。

132. 兔炭疽流行病学、临床症状和病理变化有哪些？如何防治？

兔炭疽是由炭疽杆菌引起的急性、败血性传染病。其主要表现为败血症变化，脾显著肿大，皮下及浆膜下有出血性胶样浸润，血液凝固不全，呈煤焦油状。

（1）流行病学 消化道与呼吸道是本病的主要传播途径，也可由吸血昆虫的叮咬经皮肤传染，各品种、年龄的兔均有易感性，但纯种兔发病率和死亡率高于杂种兔。本病一年四季均可发生，多见于炎热的夏季。在雨水多、吸血昆虫多、洪水泛滥等条件下易诱发本病。

（2）临床症状　本病潜伏期为10～12h。体温升高，精神沉郁，食欲不振，呼吸困难，缩成一团，呈昏睡状态，黏膜发绀，运动失调，血尿和腹泻，在粪便中常混有血液和气泡。鼻流出清稀的黏液，颈、胸、腹下严重水肿。病程长，病兔的喉部、头部可发生水肿，导致呼吸极度困难，水肿一侧眼球突出。发病后2d左右死亡，死后天然孔出血。

（3）病理变化　死兔尸僵不全，颈、胸、腹及臀部水肿，水肿部位切开后可见流出微黄白色胶冻样水肿液，血液凝固不良，有时可见天然孔出血。心肌松软，心尖有出血点，心血呈酱油色。肝充血、肿大，胆囊肿大，充满黏稠胆汁，脾脏显著肿大，气管严重出血，肺轻度充血。

（4）预防

①加强预防措施，消灭吸血昆虫，严禁野生动物及其他家畜进入兔场，不喂污染的饲料和饮水，兔舍、兔笼及用具定期进行消毒。

②目前尚无用于兔免疫预防的炭疽疫苗。对未出现症状的兔群用药物进行预防，工作人员接触病兔及污染物时注意自身防护，以免感染。

③兔场发生本病时，应立即封锁、隔离，防止本病传播、蔓延。对病兔要彻底烧毁或深埋。

④对污染的兔舍、兔笼、用具进行全面消毒，可用1%烧碱溶液，以消灭病原。

（5）治疗

①血清疗法。每只兔肌肉注射抗炭疽血清4～6mL，每天1次，连用2～3d。

②抗生素疗法。每只兔肌肉注射青霉素5万～10万单位，或链霉素0.1～0.2g，甲砜霉素50～100mg，每天2次，连用5d。

③磺胺疗法。每千克体重肌肉注射磺胺嘧啶0.15～0.2g，每天2次，连用4d。同时，注意强心、补液、解毒等对症治疗。局部水肿部位先切开，排除异物及水肿液，再用0.1%高锰酸钾或3%过氧化氢液冲洗干净，然后撒上青霉素粉末，每天处理1次。

133. 兔密螺旋体病流行病学、临床症状和病理变化有哪些？如何防治？

兔密螺旋体病又称兔梅毒病，是兔的一种慢性传染病，也称性螺旋病、螺旋体病。临床上主要以外生殖器、面部（口腔周围、鼻端）、肛门等皮肤及黏膜发生炎症、结节和溃疡，患部淋巴结发炎为特征。

（1）流行特点　本病的易感动物仅是兔，其他动物和人不感染。病兔是主要传染源，在配种时经生殖道而传播，也可通过病兔用过的笼舍、垫草、饲料、用具等由损伤的皮肤传染。本病发病率高，一般呈良性经过，几乎没有死亡。发病兔绝大多数是成年兔，极少见于幼兔，育龄母兔的发病率比公兔高，放养兔比笼养兔发病率高。

（2）临床症状　潜伏期 2～6 周。发病后呈慢性经过，可持续数月。病初可见外生殖器和肛门周围发红、水肿，阴茎水肿，龟头肿大，阴门水肿，肿胀部位流出黏液性或脓性分泌物，局部不断有渗出物和出血。由于患部疼痒，兔多以爪擦搔或舐咬而引起自家接种，使感染扩散到面部、下颌、鼻部等处，但不引起内脏变化，一般无全身症状。慢性病变多呈干燥的、鳞片状稍突起，容易被忽视。对公兔性欲影响不大，而母兔受胎率低，发生流产、死胎。本病可自行康复，但免疫力弱，易再度感染。

（3）病理变化　外生殖器及肛门周围黏膜红肿，可见有大小不一、数量不等的灰白色结节和溃疡，溃疡面上有棕红色痂皮。严重病例，在面部也有相同病变。腹股沟和腮淋巴结肿胀，病料切片可见发生中心增生，其中有许多不成熟的淋巴网状细胞，康复兔的溃疡区愈合后形成星状瘢痕。

（4）诊断　根据本病发生情况、临床症状与病理变化可作出初步诊断，进一步确诊，需要进行实验室诊断。

①涂片镜检。无菌采取病灶部渗出液或淋巴液，将病料涂片固定，用暗视野显微镜可清楚地观察到密螺旋体的形态和运动；姬姆萨染色，发现玫瑰红色的密螺旋体；组织切片可用银染法，普通油镜检查，发现密螺旋体，即可确诊本病。也可用印度墨汁染色观察病原体形态。

②动物试验。小鼠或豚鼠等实验动物人工接种病原体后均不感染，将病料的渗出物涂抹在皮肤或黏膜擦伤部位，不久在涂擦部位出现与自然感染相同的病灶。

（5）防治

①加强饲养管理，严格控制兔场进出兔，并做好兔场的消毒。对新引进的兔必须隔离观察 30d，确定无病时方可入群。同时，对引进的兔和种兔配种前应做好生殖器官检查。

②一旦发现病兔，应立即隔离治疗，病重者应淘汰。彻底清除污物，受污染的笼舍、用具用 1%～2%氢氧化钠或 2%～3%的来苏儿严格消毒。

③初期可肌肉注射青霉素，成年兔每只 0.5 万～1 万单位，每天 3 次，连用 3d。或新肿凡钠明，用无菌生理盐水或 5%葡萄糖溶液制成 5%溶液，耳静脉注射，每千克体重 40～60mg，配合青霉素使用效果更好。

④患部用硼酸水、高锰酸钾溶液或肥皂水洗涤后，涂擦青霉素软膏或碘甘油；或用芫荽 2g、枸杞根 3g，洗净切碎，加水煎 10min，再加少许明矾洗患处，每天 1 次，连用 12d。

134. 兔放线菌病流行病学、临床症状和病理变化有哪些？如何防治？

兔放线菌病是由牛放线菌引起的一种兔传染病，临床上以骨髓炎和皮下脓肿为主要特征。

（1）流行病学　放线菌属于口咽和消化道的正常寄生菌，当齿槽和齿龈受到各种损伤后，放线菌可趁机进入组织内繁殖，引起骨髓炎和软组织的炎症。

（2）临床症状　放线菌可侵袭下颌骨、鼻骨、跗关节、腰椎骨，造成骨髓炎。病兔表现下颌骨或其他部位骨骼的肿胀，甚至形成脓肿或囊肿。随着病程的延长，结缔组织内出现增生形成致密的肿瘤样团块。病变的组织中可充满脓汁，最后由于组织破溃形成瘘管，使脓汁从瘘管内排出。主要的病变多见于头、颈部骨骼。

（3）病理变化　受害的骨骼出现单纯性骨髓炎，周围软组织也形成化脓性炎症。病变部位的脓汁无特殊的臭味，黏液样、坚韧。脓汁内含有直径为 3～4mm 的干酪样颗粒，它是放线菌的集落，通常称为"硫黄颗粒"，在显微镜下可见辐射状的、肥大的棍棒样菌丝。在结缔组织内，不但含有特征性的肉芽组织，而且也含有这种颗粒。

（4）防治

①加强饲养管理，搞好兔舍与环境卫生，消除各种应激因素，兔舍、兔笼定期进行消毒。

②静脉注射碘化钠，或肌肉注射青霉素，均对放线菌病有一定的疗效。

（三）真 菌 病

135. 什么是兔真菌病？常见的治疗药物有哪些？

兔真菌病是由致病性真菌感染引起兔的一系列病症。从临床致病情况看，真菌广泛生存于土壤中，在一定条件下感染兔，真菌也可以感染人体的不同部位。真菌病是影响兔健康的重要传染病，同时大多可感染人，是人畜共患病。在养殖中以兔毛癣病较为常见。

真菌可分为体表真菌和深部真菌两大类。兔体表真菌病，是由致病性皮肤真菌感染皮肤及其附属结构引起的一种真菌性传染病，主要表现为毛癣。临床主要特征是感染皮肤出现不规则的或圆形的脱毛、断毛及皮肤炎症。深部真菌病又名曲霉菌病，是由曲霉菌属的真菌引起的一种人畜共患的真菌病。临床上的主要特征是在呼吸器官组织中发生炎症，并形成肉芽肿结节。

兔真菌病的致病微生物为真菌，因此，大多数抗生素不能用于治疗兔真菌病。常用的有效药物有灰黄霉素、水杨酸、苯甲酸等。

136. 兔毛癣病流行病学、临床症状和病理变化有哪些？如何防治？

（1）病因 兔毛癣病是由真菌感染皮肤表面及毛囊、毛干等结构引起的脱毛、断毛、皮肤炎症或皮肤呈不规则块状，伴随结痂性癣斑并覆盖有皮屑，剧烈发痒，同时是一种人畜共患传染病。健康兔与病兔直接接触传染，或间接接触患有真菌性皮肤病的饲管人员而传染。而人直接或间接接触病兔、用具等也容易被传染。

兔营养不良、环境条件差、兔舍及兔笼卫生条件差、多雨潮湿、高热和吸血昆虫多等诱因，均有利于诱发本病。兔感染后，直接影响皮毛的生长与质量，以及兔的生长速度，危害兔的健康，从而严重影响兔业的发展。

（2）流行病学 本病主要通过与病兔直接接触传播，而通过相互抓、舔、吮乳、交配、摩擦及蚊虫叮咬等而感染。本病一年四季均可发生，多呈散发性。各种品种、年龄的兔都可感染发病，但仔、幼兔比成年兔更易感染。如兔场、养殖户的兔一旦传染了毛癣病，就会迅速传染蔓延，危害十分严重。

（3）临床症状　15日龄至2月龄左右的仔、幼兔发病较为严重，病兔的头部、口、眼周围及耳朵，逐渐扩展到颈、背、腹。四肢内侧、尾等部位，患病部位脱毛，形成环形突起，界线明显，皮肤潮红并附着有灰色或黄色痂皮，痂皮脱落后呈现小溃疡，造成毛根和毛囊感染，引起毛囊脓肿（图5-4、图5-5）。患病仔兔生长缓慢，逐渐消瘦而死亡。

图5-4　兔毛癣病眼、耳症状　　　图5-5　兔毛癣病脚部症状

（4）病理变化　可见表皮过度角化，真皮有多形白细胞弥漫性浸润。在真皮和毛囊附近，可出现淋巴细胞和浆细胞。

（5）防治

①发现病兔严格进行隔离或进行淘汰，将患病兔进行深埋或焚烧。

②严禁饲养人员串岗串舍，发病兔群专人饲养管理。

③加强饲养管理，搞好环境、舍笼、用具的清洁卫生。将病兔笼具用火焰消毒器进行火焰消毒，笼底板取下后单独用2‰～3‰的烧碱溶液浸泡48h后，用清水漂洗，放在太阳光下暴晒，再用火焰消毒器进行火焰消毒后使用。

④每千克饲料加入灰黄霉素60～80mg，每天喂2次，饲喂14d停药7d，连续用药3个疗程。同时，给兔群注射伊维菌素每千克体重0.02mL，可达到预防和治疗的目的。

⑤对轻微病兔，减掉患部被毛，用肥皂水洗拭从而软化并除去痂皮。然后涂擦10%水杨酸，2d1次，持续1周。同时，用10%水杨酸乙醇溶液喷洒兔体表，3d1次。口服灰黄霉素每千克体重25mg，每天一次，持续2周。

⑥有种用价值的病兔，用皮复康治疗，3kg以下的兔，每次皮下或

肌肉注射 1mL；3kg 以上的兔，按每千克体重 0.4mL 皮下或肌肉注射。或用敌癣锐克按每千克体重 0.2mL 皮下注射。

137. 如何诊断兔真菌病？认识兔真菌病的误区有哪些？

在实际养殖生产中，根据兔真菌病流行特点、特征性临床症状可以作出初步诊断，进一步确诊须进行实验室诊断。比较常用的诊断方法为显微镜检查法。在病兔患部用 75% 酒精擦洗后用钝刀刮取患部毛及皮屑，置于载玻片上，然后滴加 10% 氢氧化钠溶液 1～2 滴，加盖玻片，静置数分钟，再将盖玻片微热处理后在 400 倍显微镜下观察。如果可见到分枝菌系呈平行链状排列的孢子，即可诊断为真菌感染。

在临床中，兔真菌病极易给养殖户带来很多认识误区。其主要因素有：

（1）没有搞清兔真菌病的发病原因，普遍认为兔患真菌病是从别处传来的。

（2）不知兔皮肤真菌病是人畜共患病。

（3）认为兔患上真菌病全场扑杀就能够消灭病菌，阻断传播。

（4）认为兔患皮肤真菌病治好后，再也不会复发。

（5）错误选择治疗兔皮肤真菌病的药物。

六、兔普通病篇

（一）消化系统疾病

138. 兔积食的病因和临床症状有哪些？如何防治？

（1）病因　兔积食是由于兔贪食，摄入过多饲料而引起，特别是难消化的玉米等精饲料、易膨胀的麦麸等，导致胃扩张、心跳加快、呼吸急迫。如不及时治疗，可能会引起胃破裂，造成死亡。

（2）临床症状　病兔精神沉郁，食量显著减少或不食草料，胃部膨大，不愿走动，有的表现痛苦不安、磨牙流涎、呼吸加快，结膜潮红。粪便长条形或成堆，有特殊的酸臭味。

（3）防治

①应加强饲养管理，喂食注意定时定量，防治兔贪食、多食，一般喂七八成饱；断奶仔兔应逐步增加喂食量，切忌饥饱不均和暴饮暴食。

②发病初期可停止喂食 $1\sim2d$，停喂或减少精饲料喂量，供给易消化的草料，加强运动。

③口服，多酶片 $1\sim2$ 片、健胃片 $2\sim3$ 片或酵母片 $2\sim3$ 片，加维生素 B_1 1 片，每天 2 次，连用 3d。

④鸡内金半个，煎水灌服。

139. 兔便秘的病因和临床症状有哪些？如何防治？

（1）病因　粗、精饲料搭配不当，精饲料多而青饲料少，或者长期饲喂干饲料而饮水不足；饲料中混有泥沙、被毛等不能消化的异物，导致粪便过大；运动不足，兔发生排便系统疾病，如肛窦炎、肛门炎、肛瘘等，胃肠蠕动慢，排便习惯不良均可诱发本病。

（2）临床症状　病兔食欲减退或废绝，粪便变小而坚硬，排粪困难或排出的粪量少，腹部膨胀，尿红色，精神较差。

（3）预防

①在饲养管理中，要注意日粮精料量不宜过多，适量多喂一些青饲料和多汁饲料，注意饮水和运动。

②经常清洁兔笼中被毛等污物，保持兔笼干净。

③喂食应定时定量，防止饥饱不均。

（4）治疗

①病兔可用植物油 25mL、蜂蜜 10mL，加温开水 10mL，灌服。

②大黄片 1～2 片，维生素 B_1 1 片，食母生片 2 片内服，每天 2 次，连续 3～5d。

③人工盐成兔 5～6g，幼兔减半，加温开水 20mL，灌服。

④通舒片 1～2 片，每天 2 次，连用 3d。

140. 兔腹胀病的病因和临床症状有哪些？如何防治？

（1）病因　采食过量的易发酵、易膨胀饲料（如麸皮、豆渣等），腐败、变质、霉烂、冷冻饲料以及含露水过多的豆科牧草饲料等，易发生腹胀病。

（2）临床症状　病兔贪食而消化不良，不吃草料、精神委顿、腹部膨胀如鼓，充满气体，叩诊呈鼓音，呼吸困难，蹲伏不动，可视黏膜潮红甚至发绀。有的病兔流涎，肠道内充满水样和气体，可见胶冻状内容物，阻塞肠道，粪球干硬变小。胃极度扩张，里面充满饲料和气体，如不及时治疗，可导致胃破裂或窒息死亡。病兔一般在 2～3d 内死亡，个别急性病例在数小时内死亡。

（3）防治　腹胀病较为顽固，常规抗生素、抗霉菌药物均无明显疗效。有效的治疗原则为"润肠通便"。

①在饲养管理中，必须做到定时定量，切勿饥饱不匀。仔兔断奶不宜过早，不喂腐败变质饲料。

②多喂草料，降低或停喂精料。

③加喂微生态制剂，改善肠道菌群结构。

④饮水中添加 B 族维生素。

⑤病兔用植物油（菜油或蓖麻油）10～20mL 灌服。

⑥大黄酊 1～2mL 或姜酊 2～3mL，加温开水 10～15mL 灌服。

141. 兔胃肠炎的病因、临床症状和病理变化有哪些？如何防治？

胃肠炎是胃肠黏膜及黏膜下深层组织的重剧炎症。以严重的胃肠功能障碍和自体中毒为特征。

（1）病因　病兔因消化不良，口腔、牙齿疾病及肠道寄生虫病而继发。刚断奶的幼兔，由于消化功能尚未发育健全，适应能力和抗病能力比较低，在致病因素的作用下，更易发病。饲养管理不当，饲料品质不良，精、粗饲料搭配不合理，以及饲料霉败、冰冻，饮水不洁等都是常见病因。

（2）临床症状　初期，病兔表现消化不良，食欲减退，粪便带黏液。随着病情加重，病兔精神沉郁，蹲伏不动，拒食，体温升高，可视黏膜潮红、黄染。先短时间便秘，后拉稀，肠管鼓气，听诊肠音响亮，叩诊腹部有击水音。排出绿色水样恶臭稀便或黄白色带黏液粪便或胶冻样夹有粪球的稀便，肛门周围常被粪便污染。尿呈乳白色。随后，炎症进一步加剧，病兔严重下痢，大量失水时会引起脱水，眼球下陷，迅速消瘦，皮温不均，体温先升高而后短时间内降为正常以下，可视黏膜暗红或发绀，肌肉僵硬，尿量减少，若不及时治疗，很快死亡。

（3）病理变化　血液浓稠，血沉减慢，红细胞压积容量和血红蛋白增多，细胞总数增多，中性粒细胞增多，核型左移。胃肠黏膜有炎症表现，拉稀，尿蛋白质阳性。

（4）防治

①加强饲养管理，增加兔运动量。兔舍要保持清洁、干燥，温度恒定，通风良好。定期对饲槽、笼底板进行刷洗、消毒，保持饮水卫生、充足，垫草勤更换。对刚断奶的幼兔，饲喂要定时定量，严禁饥饱不均。饲料应新鲜易消化，一旦发现霉败变质，应立即停喂，及时更换饲料。

②杀菌消炎。可内服磺胺脒和碳酸氢钠，每次每千克体重 0.1～0.15g，每天 2 次，连用 3～5d。或选用广谱抗生素，如肌肉注射或静脉注射甲砜霉素每千克体重 10～30mg，每天 2 次，连用 3d。或口服氟哌酸每千克体重 20～30mg，每天 2 次，连用 5d。

③收敛止泻。口服痢特灵每千克体重 5～10mg，或者 1 份大蒜加 5 份水，捣成汁，每兔 5mL。每天 3 次，连用 5d。

④维持营养。口服氯化钠 3.5g，碳酸氢钠 2.5g，氯化钾 1.5g，葡萄糖 20g，加凉开水 1 000mL，让兔自由饮用。

142. 兔腹泻的病因和临床症状有哪些？如何防治？

腹泻是指临床上具有腹泻症状的一类普通病，表现为排粪频繁，粪便稀软，呈粥样或水样（图6-1）。

（1）病因　引起兔腹泻的原因很复杂，主要包括以下5类：

①病原微生物或寄生虫等感染导致的腹泻，常见的包括魏氏梭菌、大肠杆菌、沙门氏菌及球虫病。

②消化不良引起的腹泻，多发于断奶仔兔，表现为食欲下降，消

图6-1　兔腹泻

化不良，粪便中包含未消化的饲料残渣。其主要原因是仔兔消化器官和功能发育尚不完善，消化能力差，采食难以消化的草料等。

③更换饲料引起的腹泻，多发生于春夏青草开始生长的季节，兔摄入过多青饲料引起消化不良、腹胀、腹泻。

④抗生素乱用导致的腹泻，长期、连续使用抗生素，易导致肠道菌群失衡，影响消化系统功能。

⑤饲养性腹泻，饲喂变质饲料，精粗饲料搭配不当，突然更换饲料，天气突变，仔兔、幼兔贪食过多精饲料，都易导致腹泻。

（2）临床症状　病兔精神不振，吃草料减少，甚至不吃，粪便不成形，变软，稀薄，以至呈稀糊状或排水样粪便，粪便带有黏液，病兔在数小时内死亡。若感染细菌，则粪便有腥臭味，混有灰白色的脓状物，体温升高，呼吸急剧，肛门、尾、四肢被粪便污染。粪便带血为黑红色。

（3）防治

①平时应预防为主，加强饲养管理，注意消毒与兔舍卫生，不喂腐败变质、霉变的饲料和不洁的水。

②科学合理地使用抗生素预防。需根据本场病菌流行情况和细菌耐药情况，合理安排抗生素种类；同时应几种药物交替使用，控制每次用药时间，留有一定的时间间隙，防止细菌耐药性产生和兔药物累积中毒。

③在更换饲料时应逐步进行，在1～2周内完成饲料更换。仔兔应少吃多餐，定时定量，多饲喂易消化的饲料。

④仔兔日粮中，每 100kg 饲料中添加 100g 复合酶、益生素、干酵母粉等。

⑤内服磺胺脒 0.2～0.5g，小苏打 0.2～0.5g，每天 2 次。金霉素 0.2～0.3g 内服，每天 2 次，也可肌肉注射链霉素 8 万～10 万单位，维生素 B_1 1mL，每天 2 次，连用 2～3d。

⑥内服氟哌酸每千克体重 20～30mg，或泻立停等止泻药，或鞣酸蛋白 0.3g，每天 2～3 次，连用 4～5d。

（二）呼吸系统疾病

143. 兔呼吸系统疾病有哪些？如何治疗？

兔的呼吸系统疾病较多，可分为感染性的和非感染性的。感染性的致病原主要有波氏杆菌、巴氏杆菌、链球菌、结核分歧杆菌等。这些病原菌通过感染呼吸器官，主要是肺脏和呼吸道，使呼吸器官病变，阻塞呼吸道或气管，影响呼吸系统功能。非感染性呼吸系统疾病主要是感冒和肺炎。

这类疾病需结合发病特性诊断、流行病学分析、病变剖检、实验室诊断，对病原进行确诊，在药敏试验的基础上选择敏感药物进行治疗。也可在分离培养病原的基础上，制作灭活疫苗进行紧急免疫，往往能取得较好的治疗效果。平时应以预防为主，注意消毒与卫生打扫，科学合理地接种疫苗和使用抗生素预防。

144. 兔感冒的病因和临床症状有哪些？如何防治？

（1）病因　多因气候突变、冷热不均、兔舍潮湿、越冬防寒措施不好、兔舍通风漏雨及病菌感染引起发病。

（2）临床症状　病初吃草料减少，流鼻涕，打喷嚏，鼻黏膜发红，轻度咳嗽，流眼泪呈水样、常用脚擦拭。更重者连续咳嗽，不食草料，体温升高至 40℃ 以上，有的后期呼吸困难。如治疗不及时、护理不当可引起支气管炎和肺炎。

（3）防治

①加强饲养管理，防止兔感受风寒暑湿侵袭。及时隔离病兔，喂给优质青草。

②治疗。可内服阿司匹林、氨基比林、扑炎痛、感冒清，成兔半片至 1 片，幼兔递减，每天 3 次。

③病兔较为严重的可肌肉注射青霉素、链霉素每千克体重各 3 万～5 万单位，每天 2 次，连用 3d。

145. 兔肺炎的病因、临床症状和病理变化有哪些？如何防治？

肺炎是肺实质的炎症，分小叶性肺炎和大叶性肺炎。小叶性肺炎主要表现为肺局部炎症。大叶性肺炎是整个肺发生的急性炎症过程。小叶性肺炎又分为卡他性肺炎和化脓性肺炎。兔以卡他性肺炎较为常见，而且多发生于幼兔。

（1）病因　兔舍潮湿、通风不良、天气骤变或长途运输、过度疲劳等都可导致肺炎发生。某些病原菌的侵入，如多杀性巴氏杆菌、金黄色葡萄球菌、溶血性链球菌、肺炎双球菌、绿脓杆菌、肺炎雷伯杆菌等感染也可引起肺炎。灌药时不慎使药液误入气管，可引起异物性肺炎，最后也往往因细菌继发感染而死亡。

（2）临床症状　病兔精神沉郁，食欲减退和渐进性消瘦，呼吸急促，严重时伸颈或头向上仰。咳嗽不断，连续打喷嚏，流黏液性鼻涕，肺泡呼吸音增强，可听到湿啰音，粪便干燥。

（3）病理变化　肺肿大，出现灰白色小结节，肺实质出血性变化，胸膜、心包膜、肺上有纤维素性絮片，严重时出现脓肿。

（4）防治

①加强防寒保暖、降温除湿。把病兔放到温暖、干燥、通风的环境饲养，饲喂给温水和富含维生素的青饲料。

②肌肉注射青霉素和链霉素每千克体重各 10 万单位，每天 2 次，连用 3～5d。

③用双黄连按每千克体重 30～50mg 内服，每天 2 次，连用 3～5d。

④环丙沙星注射液每千克体重 1mL，肌肉注射，每天 2 次，连用 3d。

146. 兔支气管炎的病因和临床症状有哪些？如何防治？

（1）病因　支气管炎多因天气突变、饲养管理不当、舍内空气质量差、通风不良、潮湿寒冷而引起。兔吸食飞扬的尘土、粉碎性饲料、花粉等易诱发本病。另外，伤风感冒后未及时治疗护理也可导致本病。

（2）临床症状　病兔精神沉郁，食欲废绝，咳嗽不断，连续打喷嚏，鼻孔流出黏液性鼻涕，流眼泪，体温升高在40℃以上，呼吸急促，粪便干燥，肺部可听到干、湿啰音。若不及时治疗，2～4d死亡。

（3）防治

①加强饲养管理，保持兔舍干燥、通风，做好防寒保暖、降温除湿措施。饲喂给温水和富含维生素的青饲料。

②治疗可肌肉注射青霉素、链霉素各10万单位，每天2次，连用5～7d。

③用磺胺嘧啶按每千克体重0.2g内服，每天3次，连用3～5d，或5％磺胺噻唑钠注射液，成年兔2mL、幼兔1mL，肌肉注射，每天3次，连用3d。

④口服咳必清，每只兔每次10～20mL，肌肉注射，每天2次，连用3～5d。

（三）其他普通疾病

147. 兔中暑的病因和临床症状有哪些？如何防治？

中暑是日射病和热射病的统称。日射病是兔在炎热的季节中，头部持续受到强烈的日光照射而引起的中枢神经系统功能严重障碍性疾病。热射病是兔所处的外界环境气温高、湿度大、产热多、散热少、体内积热而引起的严重中枢神经系统功能紊乱的疾病。临床上以体温升高、血液循环和呼吸功能衰竭，并发生一定的神经症状为特征。该病多发生于炎热的夏季，发病急，严重者迅速死亡。各种年龄的兔都可发病，怀孕母兔和毛用兔易发病。当巢箱内垫草过厚且很少通风时，幼兔也特别易感，兔对热非常敏感，当温度在30℃以上时，极易发生中暑。

（1）病因　兔无汗腺，对高温十分敏感，烈日暴晒或环境闷热易引起中暑。本病多发于夏季和长途运输的兔。

（2）临床症状　口腔、鼻腔和眼结膜充血、潮红、体温升高、心跳加快、呼吸急促、停止采食，严重的呼吸困难，黏膜发绀，从口和鼻中流出带血色液体。病兔常伸腿伏卧，四肢呈现间隙性震颤或抽搐，直到死亡。有的突然虚脱、昏倒，发生全身痉挛，尖叫死亡。

（3）防治

①舍内温度超过 35℃时，应在地面和房面洒水散热，保证舍内通风凉爽。

②在兔饮水中加入十滴水或藿香正气水。

③将病兔放到阴凉通风处，或取十滴水 1mL 或藿香正气水 1mL，加温淡盐水灌服，同时用湿毛巾盖在兔头上，每隔 3～4min 更换一次。也可在头部放上冰袋。

④将兔的耳剪破，从耳静脉放血。

⑤口服人丹 2～3 粒，或静脉注射樟脑磺酸钠注射液或樟脑水注射液。

148. 兔肾炎的病因和临床症状有哪些？如何防治？

肾炎是肾小球、肾小管和肾脏间质的炎症，临床上以肾小球的渗出、泌尿机能紊乱、肾小管的上皮变性和重吸收机能障碍为主要特征。

（1）病因　本病主要是由细菌性或病毒性感染，膀胱炎、尿路感染等邻近器官的炎症蔓延，有毒物质中毒，潮湿、寒冷、天气突变、过敏性反应等环境应激因素引起本病的发生。

（2）临床症状　根据临床症状，可分为急性肾炎和慢性肾炎。急性肾炎病兔表现精神沉郁，体温升高，食欲减退或废绝。常蹲伏，不愿活动，行走吃力，背腰活动受限。压迫肾区时，表现为不安、躲避或抗拒检查。排尿次数增加，排尿量少，甚至无尿。病情严重的出现尿毒症症状，体质衰弱无力，全身呈阵发性痉挛，呼吸困难，甚至出现昏迷状态。慢性肾炎多由急性转化而来，病兔无明显症状，主要表现为排尿量减少，兔逐渐消瘦，眼睑、胸腹或四肢末端出现水肿。

（3）防治

①保持病兔安静，给予营养丰富、易消化的饲料。

②肌肉注射，青霉素 G 钾每千克体重 2 万～4 万单位，或硫酸链霉素每千克体重 10～20mg，或环丙沙星注射液每千克体重 1mL，每天 2 次，连用 5～7d。

③静脉注射强的松每千克体重 2mg，或地塞米松每千克体重 0.125～0.5mg，每天 2 次，连用 5～7d。

④为消除水肿，肌肉注射速尿每千克体重 2～4mg，有尿毒症症状时，静脉注射 5%碳酸钠注射液 5～10mL；尿血严重时，肌肉注射安络

血 1～2mL，每天 2 次，连用 5～7d。

149. 兔结膜炎的病因和临床症状有哪些? 如何防治?

结膜炎是眼睑膜眼球结膜发炎，是兔眼病中发生较多的一种疾病。发病初期，病兔流泪，怕光，结膜肿胀、潮红、疼痛。2～3d 后眼球浑浊，继而出现黏液性和脓性分泌物，上下眼睑粘在一起。如果治疗不及时，往往引起失明。

（1）病因　灰尘、泥沙、草屑、草籽、被毛等异物落入眼内或机械性损伤，受强日光直射、红外线的刺激、化学药物、有毒气体的刺激、传染性鼻炎、维生素 A 缺乏等都易引起结膜发炎。

（2）临床症状　一般表现为流泪，怕光，结膜肿胀、潮红、疼痛和眼睑闭合。病初有浆液性分泌物，量少。随着病情的发展，出现黏液性和脓性分泌物，量多，上下眼睑黏合在一起，无法睁开。后期发生化脓性结膜炎时，疼痛剧烈，从眼内流出黄白色脓性分泌物，角膜溃疡，导致失明。

（3）防治

①保持兔舍、兔笼的清洁卫生，防止灰尘、沙土等异物落入眼内。

②笼壁平整，防止尖锐物损伤眼部。

③定期对兔舍进行消毒，合理选用消毒剂。

④用 2%～3% 硼酸水或 0.1% 食盐水洗眼。

⑤1% 甲砜霉素眼药水、0.25% 硫酸锌眼药水，每次滴眼 2～3 滴，每天 3～5 次，连用 3～5d。

七、兔产科病篇

（一）产前疾病

150. 母兔阴道炎的病因和症状有哪些？如何防治？

（1）病因　母兔阴道受到病原微生物感染而发病。通常在交配、人工授精、分娩、难产或阴道检查时，因阴道黏膜受到损伤感染病原微生物而引起本病的发生。

（2）临床症状　母兔阴户部轻者潮红肿胀，重者糜烂，阴道黏膜发炎溃烂，有白色的分泌物流出，拒绝交配。

（3）预防

①搞好兔舍卫生，定期清扫兔笼、产仔箱，防止外生殖器受到感染。

②配种前详细检查公、母兔的外生殖器，保持配种兔的外阴清洁。对有病兔和可疑兔应立即停止配种。

（4）治疗

①外阴部红肿，用碘甘油涂擦患部。

②母兔患部发炎溃烂，用3％食盐水或2％硼酸水冲洗患部，涂擦磺胺类软膏或青霉素软膏。

③阴道患部发炎溃烂的病兔，除涂擦药外，同时注射青霉素每千克体重3万～5万单位，每天2次，连用3d。

151. 母兔不发情的病因和症状有哪些？如何防治？

（1）病因　饲料营养缺乏，造成母兔营养不良、体况差；饲料营养过剩，母兔体况过肥或缺乏维生素E、维生素A引起母兔不发情。

（2）临床症状　性欲减退或缺乏，母兔屡配不孕，发情周期无规律甚至不发情。母兔过肥或过瘦。

（3）防治

①加强饲养管理，喂给足够的配合日粮和富含维生素的饲草，保持中等体况，不能过肥或过瘦。同时，增加母兔的运动。

②不发情母兔，每天每只喂给维生素 E 1～2 粒，或催情散 3～5g，或淫羊藿 5～10g。

③每只兔每次肌肉注射促排 3 号或促排 2 号 5～10mg。

④将母兔放入公兔笼内，让公兔追逐爬跨挑逗催情。也可用手在母兔臀部或直接触摸阴户，刺激催情。

⑤对母兔舍延长光照时间至 14～16h，促进母兔发情。

⑥对屡配不孕母兔，严格淘汰。

152. 母兔流产的病因和症状有哪些？如何防治？

（1）病因　妊娠母兔因营养不良、饲喂不洁或霉变饲料、受惊吓、粗暴捕捉及某些传染病而引起流产。

（2）临床症状　母兔产仔期未到，产出未足月的胎儿或死胎，日龄大的基本成形，日龄小的尚未成形，全身黏有血，绝大多数流产的都是死胎儿，未死胎儿也难养活。母兔流产后，大量出血，出血过量会造成母兔死亡。

（3）防治

①母兔流产后，局部可用 0.1% 高锰酸钾溶液冲洗。

②母兔流产后，出血不止的，肌肉注射维生素 K 0.5～1mL，青霉素每千克体重 3 万～5 万单位，每天 2 次，连用 3d。

③注意补充营养，待完全恢复健康后才能配种。

153. 母兔妊娠毒血症的病因、临床症状和病理变化有哪些？如何防治？

妊娠毒血症是一种较普遍的代谢性疾病，死亡率高，多发于母兔怀孕后期。以神经功能受损、共济失调、虚弱、失明和死亡为主要特征的代谢性疾病，妊娠、哺乳、假妊娠母兔均可发生。

（1）病因　病因是复杂的，品种、年龄、性别、肥胖、胎次、怀胎过多、胎儿过大、妊娠期营养不良及环境变化等因素均可引起本病的发生。目前认为主要与营养失调和运动不足有关。此外，与生殖障碍如流产、死产、遗弃仔兔、吞食仔兔、胎儿异常和子宫肿瘤等也密切相关。

（2）临床症状　病兔初期精神兴奋，常在兔笼内无意识漫游，甚至用头顶撞笼壁，安静时缩成一团，精神沉郁，食欲减退，不吃精料，粪球变尖变小，排尿减少，全身肌肉间歇性震颤，前后肢向两侧伸展，有时呈强直性痉挛。严重病例可见精神沉郁，废食，呼吸困难，粪干并常被胶冻样黏液包裹，或排稀粪，有黏液或呈水样，墨绿色，有恶臭味，尿量严重减少，呼出气体有酮味，出现共济失调、惊厥、昏迷，最后死亡。

（3）病理变化　肝、肾和心脏苍白，脂肪变性，肾上腺变小、苍白，常有皮质瘤。乳腺分泌功能旺盛，卵巢黄体增大，肠系膜脂肪有坏死区。甲状腺变小、苍白。组织学变化以脂肪肝和脂肪肾为主。

（4）防治

①加强对母兔的饲养管理，不要使母兔过度肥胖。在妊娠后期，供给富含蛋白质和碳水化合物的饲料，不喂腐败变质饲料，避免饲料的突然更换和其他的应激因素，注意补充葡萄糖、维生素 C。

②静脉注射 25%～50% 葡萄糖 20mL；同时可静脉注射维生素 C 2mL；肌肉注射维生素 B_1、维生素 B_2 各 2mL，每天 1 次，连用 3～5d。

③每只兔静脉注射氢化可的松注射液 2mL，每天 1 次，连用 2～3d。

④口服维生素 B_1、维生素 B_2、维生素 B_6 和氧化可的松各 2mL，每天 1 次，连用 2～3 次。也可内服醋酸钠或甘油。

（二）产后疾病

154. 母兔子宫脱出的病因和症状有哪些？如何防治？

子宫脱出，是指子宫角的一部分或全部翻转于阴道内（子宫内翻），或子宫翻转并垂脱于阴门之外（完全脱出）。兔常在分娩后 1d 之内，子宫颈尚未缩小和胎膜还未排出时发病。兔子宫脱出是兔产后的主要继发症之一。只要及时整复，方法得当，并不需要服用其他药物即可痊愈；相反，若整复不当，则易损坏子宫壁，引起大出血，导致死亡，引起不必要的经济损失。

（1）病因　母兔妊娠期营养不良、体况瘦弱、运动不足、胎儿过大、胎水过多、多次妊娠等，产仔时均易引起子宫脱出。

（2）临床症状　母兔产仔结束，子宫完全脱出阴户 2～5cm，出血不止，子宫黏膜表面，黏附着草料等污物，子宫脱出如不及时处理，造成流血过多而死亡。

（3）防治

①病兔用 3％的双氧水或 0.1％高锰酸钾溶液将母兔脱出的子宫表面清洗干净。

②将母兔脱出的子宫用双氧水清洗后，将母兔头朝下，后肢朝上，用手指将子宫送回阴道复原，把阴户缝合一针，以兔子宫再次脱出，7d 后拆掉缝合线。

③手术结束后，一次肌肉注射维生素 K 0.5～1mL，青霉素每千克体重 3 万～5 万单位，每天 2 次，连用 3d，同时，可内服镇痛药。

155. 母兔难产的病因和症状有哪些？如何防治？

孕兔在分娩过程中，胎儿不能顺利地分娩出来，统称为难产。此时，若助产不及时或助产不当，不仅会引起母兔生殖器官疾病，甚至会导致胎儿或母子的死亡。因此，对于难产应及早正确地进行助产。

（1）病因　兔难产的原因主要有产力不足、产道狭窄和胎儿异常。

①产力不足。母兔营养不良，使母兔过肥或过瘦，频密繁殖，缺乏运动，疾病、疲劳以及分娩时外界因素干扰等，使母兔产力减弱或不足。

②产道狭窄。骨盆发育不全，狭小、畸形和骨折，子宫颈、阴道肿瘤，以及产道发育不良等，均可导致产道狭窄和变形。

③胎儿异常。胎儿活力不足、畸形和过大，胎位不正，胎儿姿势异常，胎儿气肿，两个胎儿同时进入产道等，均可导致胎儿难以通过产道。

（2）临床症状　临床上由于各种原因引起胎儿难产的情况较为多见。母兔分娩的时间超过正常的怀孕期，母兔有怒责等分娩征兆，但胎儿迟迟产不下来，有时产出部分胎儿后不再生产。难产母兔常表现为鸣叫不安，时起时卧，频频排尿，阴门流出血水，腹部膨胀，腹后部能触摸到未产出的胎儿，有时可见胎儿的部分肢体露出阴门外。

（3）防治

①配种后 31d 仍未产仔、诊断为子宫收缩力不足等造成的难产，可肌肉注射催产素 0.5～1mL。

②人工助产。用 0.1％新洁尔灭等消毒剂消毒手指、器械和母兔外

阴部，用一只手指伸入产道检查，调正胎儿的方位，另一只手持止血钳夹出胎儿。

③手术取胎。母兔仰卧保定，将手术部位剃毛，用 75％酒精消毒，0.5％盐酸普鲁卡因局部浸润麻醉，在腹部后端至耻骨前缘的腹正中线处切开，取出子宫，用消毒纱布将子宫与腹壁切口隔开，切开子宫取出胎儿，用灭菌药棉（纱布）拭净子宫内血水等污物，并用生理盐水冲洗几次，缝合子宫并还纳于腹腔，最后节缝合腹壁，腹壁刀口撒填少量抗生素粉。手术后肌肉注射青霉素，每千克体重 3 万～5 万单位，每天 2 次，连用 3～5d。

156. 母兔产后瘫痪的病因和症状有哪些？如何防治？

（1）病因　饲料中缺钙、钙磷比例不当、缺维生素 D 或母兔怀孕产仔使钙大量流失而引起发病。

（2）临床症状　母兔产后瘫痪轻者食欲减少，重者食欲废绝。出现便秘，排尿减少或不排尿。乳汁分泌减少或停止泌乳。产仔后轻者后脚跛行，重者四肢或后肢不能站立，趴在笼内，躺卧时间过长，体躯上生褥疮，逐渐消瘦，死亡。

（3）预防

①加强饲养管理，注意兔舍、笼清洁卫生，保持干燥、通风。

②供给母兔充足的钙、磷等矿物质和维生素 D，增强运动。

（4）防治

①母兔静脉注射葡萄糖酸钙溶液 5～10mL，每天 1 次，连用 3～5d。

②母兔每次肌肉注射维丁胶性钙 1～2mL 或醋酸可的松 2.5mL。每天 1 次，连用 3～5d。

③母兔静脉注射 50％葡萄糖 20mL、生理盐水 30mL、维生素 C 注射液 2mL、维生素 B_2 注射液 2mL，每天 1 次，连用 5d。

④给母兔每隔 2～3h 直肠灌注温热的食糖溶液 10～30mL。同时，用手按摩不能站立的四肢，使其通经活血。

157. 乳房炎的病因和症状有哪些？如何防治？

兔乳房炎是母兔乳腺的炎症，是泌乳母兔的一种常见病和多发病，直接威胁母兔及其仔兔的健康。本病多发生于产后 5～20d 的母兔。

（1）病因　主要原因是创伤感染，如乳房被尖锐物件损伤，或乳头被仔兔咬伤，加上病原微生物（葡萄球菌、链球菌等）侵入而发生感染。母兔产前产后饲喂精料过多，使乳汁的分泌量多而浓稠，仔兔吮吸不出来，导致长时间积于乳房内。因此，泌乳过多和环境卫生不良是诱因。

（2）临床症状　病兔精神沉郁，母兔乳头感染葡萄球菌后，病初乳头周围红肿，发硬、发热，逐渐扩大，严重的体温升高，乳房呈紫红色或蓝紫色，局部感染至后期成为乳房脓肿以及转为败血症死亡。

（3）预防

①保持兔笼、笼底板、产仔箱内的清洁卫生，定期消毒，清除尖锐物体，以防损伤母兔乳房。

②产仔前后 3～4d 内不宜给母兔喂大量优质精料和多汁饲草。

③带仔母兔乳汁不足，应及时增加配合精料和多汁饲草。

④发现母兔乳头、乳房周围皮肤或被毛弄脏时，应清洗干净后再进行哺乳。

（4）防治

①病兔患病初期，先用冷敷，同时挤出乳汁，1d 后改用热敷，每天 3～4 次，每次 10～20min。

②病兔局部乳房炎，用青霉素或链霉素按每千克体重 3 万～5 万单位肌肉注射，每天 2 次，连用 3d。

③口服蒲公英或将蒲公英捣成汁涂患处。

④乳房炎面积较大而较严重的，除按上述办法肌肉注射青霉素和链霉素外，再用油剂普鲁卡因青霉素做封闭治疗。具体方法：将 40 万单位的油剂普鲁卡因青霉素吸入注射器后，在乳房炎患部做十字交叉或环状注射，边退边注药液，每天 1～2 次，注射部位要移动，连用 3d。病兔治愈后，不能再作种用，应进行淘汰。

⑤已形成脓肿的，开刀排脓，用 2‰双氧水清洗后，撒上磺胺类消炎粉或青霉素粉。或用乙酰螺旋霉素片，每天按每千克体重 20～30mg 分 4 次内服，连用 3d。

158. 母兔缺奶的病因和临床症状有哪些？如何防治？

（1）病因　母兔妊娠期营养不足，体况差，引起产仔后缺奶。母兔患有某些寄生虫病、热性传染病、乳房疾病、内分泌失调以及其他慢性消耗性疾病，过早交配，乳腺发育不全，年龄过大，乳腺萎缩也可造成缺乳或无乳。有些也与遗传因素有关。

（2）临床症状　主要表现为乳房和奶头松弛、柔软或萎缩变小。母兔不愿哺乳，仔兔因饥饿而不停地在产仔箱内爬动，吱吱叫，消瘦贫血，增重缓慢，甚至因饥饿而死亡。

（3）预防

①增加配合颗粒饲料的饲喂量，增添青绿多汁饲料，如蒲公英、苦荬菜、菊苣、莴笋叶、胡萝卜、南瓜等。

②防止早配，淘汰过老或泌乳性差的母兔，选育饲养母性好、泌乳足的母兔留种。

③积极治疗母兔原发性疾病。分娩前后注意协助母兔拉毛催乳。

（4）治疗

①口服人用催乳灵 1 片，每天 1 次，连用 3～5d。

②试用激素治疗，皮下或肌肉注射垂体后叶素每只兔 10 单位，每天 1 次，连用 3～5d。

③用穿山甲、木通、通草、党参、山楂、陈皮各 1～2g，煎水灌服。

④豆浆 200g 煮沸凉温，加红糖 5～10g，醪糟 5～10g 喂服，每天 1 次，连用 2～3d。

⑤芝麻 10～25g，花生米 10～20g，食母生片 3～5 片，捣烂饲喂，每天 2 次，连续 2～3d。

⑥口服催乳片，每天 3 次，每次 1 片，连续 3d。

159. 母兔食仔的病因和症状有哪些？如何防治？

（1）病因　饲料中缺乏某些矿物质和维生素，母兔消瘦，营养不良，产生食仔癖；母兔分娩后其腹部空虚，感到十分饥渴，而分娩前又没有准备好充足的饮水和草料，引起产仔缺水口渴而食仔兔。

（2）临床症状　临床多见母兔将刚产出的仔兔咬伤，甚至吃掉，轻者是 1～2 只，严重者将仔兔全部吃掉。

（3）防治

①母兔怀孕期间给予足够的矿物质及维生素，产前和产后保证饮水及青饲料供应。

②保持兔舍环境安静，尽量避免异常气味。

③母兔连续 2～3 胎，仍食仔兔，可淘汰该母兔。

八、兔寄生虫病篇

（一）体内寄生虫病

160. 什么是兔球虫病？寄生于兔的艾美耳球虫有哪些？

兔球虫病是由艾美耳属的多种球虫，寄生于兔的肝、胆管和肠上皮细胞引起的一种多型性、高度感染性、常见、多发的原虫病。在临床上，以消瘦、贫血、腹泻和虚弱为主要特征。

寄生于兔的艾美耳球虫有 16 种。除斯氏艾美耳球虫寄生于胆管上皮之外，其余各种均寄生于肠黏膜上皮。常见的有 10 种，分别是斯氏艾美耳球虫、黄艾美耳球虫、穿孔艾美耳球虫、大型艾美耳球虫、中型艾美耳球虫、无残艾美耳球虫、梨形艾美耳球虫、盲肠艾美耳球虫、肠艾美耳球虫及小型艾美耳球虫。

161. 兔球虫病致病机理、临床症状和病理变化有哪些？如何防治？

兔球虫病是兔艾美耳球虫经消化道而引起的最常见多发病。本病多发生在梅雨季节，不同年龄的兔都易感染，特别是 4 月龄以内的仔、幼兔易发生，感染严重时，死亡率可达 100%。耐过的病兔不仅长期不能康复，而且生长发育受到严重影响，甚至死亡。危害极其严重，多呈地方性流行（图 8-1）。

（1）致病机理 兔球虫具有侵袭性的孢子化卵囊，被兔食入之后，卵囊壁被消化液所溶解，子孢子逸出，随即侵入肠壁上皮细胞发育为裂殖体；裂殖体以裂殖生殖方式在

图 8-1 兔球虫病

上皮内迅速繁殖，形成许多裂殖子，从而破坏大量的上皮细胞，使正常的消化过程陷于紊乱，从而造成机体的营养缺乏，引起兔体脱水、失血。由于肠上皮细胞的大量崩解，形成有利于细菌繁殖的环境，导致肠内容物中产生大量的有毒物质，被机体吸收后发生自体中毒，临床上表现痉挛、虚脱、肠膨胀和脑贫血等。因此，球虫通过对上皮细胞的破坏、有毒物质的产生及肠道细菌的综合作用而引起机体发病。

（2）临床症状　本病多发生于 20～90d 的仔兔、幼兔。急性的病兔发病急，突然侧身倒地，四肢痉挛，头向后仰，两后肢呈游泳状划动，发出惨叫迅速死亡。慢性型的病兔吃草料减少或不吃，腹部臌气（胀肚），拉稀粪便污染四肢和肛门，消瘦，被毛粗乱易脱落，生长滞缓，下痢后很快消瘦死亡。

（3）病理变化　肝球虫病时，肝表面和实质内有许多白色或淡黄色结节，呈圆形，如粟粒至豌豆大，沿胆小管分布。在慢性肝球虫病时，胆管周围和小叶间部分结缔组织增生，使肝细胞萎缩，肝体积缩小（间质性肝炎）；胆囊黏膜有卡他性炎症。肠球虫病时，肠壁血管充血，十二指肠扩张、肥厚，黏膜发生卡他性炎症。小肠充气，黏膜充血，上有出血点。在慢性病例，肠黏膜呈淡灰色，上有许多小的白色球虫结节和小的化脓、坏死性病灶。

（4）预防

①保持兔舍、兔笼通风干燥，定期对兔舍、兔笼和用具进行消毒。
②每天清扫兔笼舍及运动场粪便，并堆积发酵，防止兔粪污染。
③哺乳母兔与仔兔、幼兔分开饲养避免交叉感染。
④发现病兔应立即隔离治疗或淘汰；病兔尸体应深埋或焚烧。

（5）治疗

①平时用药物预防，可用氯苯胍每 1 000kg 饲料 150g 拌料喂，治疗时用量加倍，也可用 0.1%磺胺二甲基嘧啶加入配合精料中混合喂服，连续喂服 20d。

②每 1 000kg 配合日粮中添加地克珠利 2g，饲喂 15d。在预防兔球虫病的过程中，氯苯胍和地克珠利应交叉使用，避免产生抗药性。

162. 兔豆状囊尾蚴病流行病学、临床症状和病理变化有哪些？如何防治？

兔豆状囊尾蚴病是由豆状带绦虫的中绦期幼虫寄生于兔的胃网膜、

腹腔、肠系膜和肝脏内引起的疾病。通常是因兔采食了被豆状带绦虫的孕卵节片或虫卵污染的饲草和饮水后而发病（图8-2）。

（1）流行病学　本病呈世界性分布，一年四季均可发生。主要寄生于犬、狼、狐、猫等肉食动物的小肠内，但兔为豆状带绦虫的中间宿主，经消化道而感染。随着养兔

图8-2　兔豆状囊尾蚴病

业发展和猫、犬等宠物的增多，形成了家养宠物和兔之间的循环流行。

（2）临床症状　发病兔食欲不振，精神沉郁，不爱活动，腹围增大，嗜睡，逐渐消瘦，被毛粗乱。最后因体弱衰竭而死亡。

（3）病理变化　主要病变是肝肿大、表面有大小不等的虫体结节和形成的疤痕条纹，后期实变、硬化。在肠壁、肠系膜、胃网膜等处有多少不一的豆状囊尾蚴，引起肠壁纤维素性渗出和出血。有时囊尾蚴可多达数十个或数百个，状似葡萄串。另外，身体消瘦，皮下常发生水肿，腹腔有较多液体。

（4）预防

①清除兔场猫和犬，避免犬、猫的粪便继续污染饲草、饲料和饮水。

②对饲养犬应定期进行驱虫，每季度1次。

③严禁用患有豆状囊尾蚴的兔内脏喂犬。

（5）治疗

①用吡喹酮，每千克体重25mg皮下注射，每天1次，连用5d。

②内服甲苯咪唑每千克体重35mg，每天1次，连用3d。

163. 兔弓形虫病的病因、临床症状和病理变化有哪些？如何防治？

弓形虫病又名弓形体病或弓浆虫病、毒浆虫病，是由刚地弓形虫引起的一种急性、热性、接触传染性、自然疫源性寄生虫病，也是一种人兽共患传染病。临床上，多以体温升高、呼吸困难、腹泻和神经症状为主要特征。

（1）病因　兔弓形虫病的发生，主要是经口感染。弓形虫的终末宿

主为猫，寄生于猫的肠上皮，中间宿主包括人、猪、犬、兔等。由于兔场的猫在散养状态下会自由出入场区和仓库，其粪便污染了环境、饲料、饲草和饮水，特别是污染了饲料；加上老鼠吃了污染的饲料后也被感染，在仓库里排粪、排尿，使污染更加严重，兔群食用被污染的饲料后，造成兔弓形虫病的暴发流行。

（2）临床症状　根据兔弓形虫病的临床症状，可分为以下 3 种：

①急性型。主要发生于仔兔。体温升高，呼吸加快，食欲废绝，精神沉郁，嗜睡，鼻、眼流浆液性或脓性分泌物；几天内出现全身或局部运动失调及后躯麻痹等神经功能障碍；常在发病后 2～8d 内死亡。

②慢性型。多发生于成年兔。食欲减退，渐进性消瘦、贫血，并随病情发展，出现神经症状，后躯麻痹。病程长，可自愈康复；少数病兔发病一段时间后突然死亡。

③隐性型。大部分兔感染后，不表现临床症状，而呈隐性感染，但血清学检查呈阳性。

（3）病理变化　急性型病兔的肠系淋巴结、脾、肝、肺、心均可见明显的坏死，肺显著水肿并有粟粒状坏死灶，胸腔、腹腔内有大量黄色渗出液；慢性型病兔主要以肠系膜淋巴结明显肿胀和坏死为特征，肝、脾、肺有白色坏死硬结节；隐性型病兔主要表现为中枢神经系统受卵囊侵害的病变——肉芽肿胀性脑炎，并伴发非化脓性脑膜炎和血管套现象。

（4）预防

①保持兔舍清洁，定期消毒，防止猫、老鼠粪便污染饲料和饮水。

②加强饲养管理，增加营养，提高兔体的抗病力。

③药物预防：用磺胺甲氧吡嗪，每千克体重 30mg，首次使用量加 1/3；同时使用甲氧苄嘧啶，按每千克体重 10mg，两者混合内服，每天 1 次，连用 3～5d。

（5）治疗

①磺胺嘧啶钠注射液，每千克体重 0.1g 肌肉注射，每天 2 次，连用 3～5d。

②内服磺胺嘧啶粉剂，每千克体重 0.1g，每天 2 次，连用 4～7d。

③选用常山 5g、槟榔 4g、柴胡 3g、麻黄 2g、桔梗 4g、甘草 3g，混合粉碎后，拌入饲料中，供 10～20 只病兔 1d 内服，连用 3～5d。

164. 兔肝片吸虫病的病因、流行病学、致病机理、临床症状和病理变化有哪些？如何防治？

兔肝片吸虫病是由肝片吸虫引起的一种慢性、营养障碍性寄生虫病。在临床上，以肝炎和胆管炎、并发全身性中毒和营养障碍为主要特征。

（1）病因　兔群长期饲喂从沟边、河边和地里采集的未经处理青草，易诱发肝片吸虫病。

（2）流行病学　本病为世界性分布，多见于反刍动物。兔也可被寄生，特别是以青饲料为主的兔，发病率和死亡率均高。多发生于低洼与沼泽地区和多雨的年份。囊蚴附着在各种水草叶茎上，以水面附近最多。囊蚴在潮湿的干草和水内能存活 3 个月以上，在干燥及直射阳光下 3～4 周死亡。

（3）致病机理　肝片吸虫的致病作用及引起的病理变化，常依其发育阶段而有不同的表现，并与虫体感染数量密切相关。

当一次感染大量囊蚴时，在其初进入兔体阶段，幼虫穿过小肠壁，再由腹壁进入肝实质，引起肠壁和肝组织的损伤，导致急性肝炎和内出血以及腹膜炎，从而导致急性死亡。

虫体进入胆管后，由于虫体长期的机械性刺激和毒素的作用，引起慢性胆管炎、慢性肝炎和贫血现象；寄生虫体多时，引起胆管扩张、增厚、变粗，甚至堵塞，胆汁停滞而引起黄疸。由于虫体本身不断地以兔体的血液和细胞为营养，结果导致兔营养不良和体质消瘦。

（4）临床症状　临床表现可分为急性型和慢性型。急性型病例，突然发病，开始体温升高，精神沉郁，运动无力，被毛松乱、无光泽，极度消瘦，贫血，腹痛，腹泻，结膜苍白，黄疸，很快死亡。慢性型病例，主要表现为消化紊乱，便秘腹泻交替，进行性消瘦，严重贫血，颌下、眼睑、胸下水肿明显，经 1～2d 病情恶化而死亡。

（5）病理变化　肝片吸虫的幼虫在肝组织内移行，可造成肝脏出血和急性炎症。主要表现为胆管壁粗糙增厚，呈绳索样凸出于肝脏表面，内含糊状物和虫体，严重病例可见到肝硬变，胆管内有虫体、虫卵、坏死的细胞等。胆管黏膜上皮增生并坏死、脱落，胆管壁结缔组织增生，其中有不少嗜酸性粒细胞和单核细胞浸润，腺体也增生。

（6）预防

①养兔场加强饲草和饮水的管理。最好饮用自来水、井水或流动的

河水，并保持水源的清洁。

②对病兔及带虫兔定期驱虫，驱虫后的粪便应集中发酵处理，以达到灭虫卵的目的。

③消灭中间宿主椎实螺。

（7）治疗

①内服丙硫苯咪唑，每千克体重 10～15mg，每天 1 次，连用 3d，隔 3d 再服 1 次。

②用蛭得净，每千克体重 10～15mg，口服，每天 1 次，连用 3～5d。

③硝氯酚，每千克体重 2～4mg，肌肉注射，3d 后再用药 1 次。

165. 兔肝毛细线虫病的病因和临床症状有哪些？如何防治？

（1）病因　兔肝毛细虫病是毛细线虫属的多种线虫寄生于兔肝脏组织内所引起的一种线虫病。此种线虫病还可寄生于鼠、犬、猪以及人等多种动物。

患病动物主要经消化道感染。成虫细线状，大小为 4～5cm，寄生在兔肝脏组织中并发育产卵，含有虫卵的肝脏组织或被此组织污染的水和饲料被另一个宿主吞食后，卵在肠道内孵化，幼虫钻入肠壁，经血液循环到达肝脏继续发育为成虫，从而引起兔感染肝毛细线虫病。

（2）临床症状　兔感染本病后无明显症状，肝脏内的大量虫卵引起纤维性结缔组织增生，严重时造成肝硬化。解剖可见肝脏表面有许多绿豆大小的或呈带状黄色结节。取结节压片镜检，见到虫卵即可确诊。

（3）防治

①对患病兔应及时隔离，病死兔进行深埋或烧毁，避免传播。

②加强饲养管理，定期灭鼠，避免鼠粪污染饲料或饮水。

③口服丙硫咪唑，按每千克体重 15～20mg，或口服甲苯咪唑，每千克体重 200～300mg，每天 1 次，连用 3d。

166. 兔栓尾线虫病的病因、临床症状和病理变化有哪些？如何防治？

兔栓尾线虫病又称兔蛲虫病，是由兔栓尾线虫寄生于兔的大肠内所引起的一种常见线虫病，常大量寄生在兔的盲肠和结肠。

（1）病因　栓尾线虫虫体半透明，呈线状，雄虫长 4～5mm，雌虫长 8～11mm，口孔较小，食道中部膨大，有后食道球。虫体尾端尖细，尾约占体长的 1/2。虫卵壳薄，一侧扁平，排出后不久即达到感染期。兔食入感染性虫卵而被感染，虫体在盲肠或结肠发育为成虫。

（2）临床症状　轻度感染时，一般不表现临床症状；严重时表现为食欲下降，精神沉郁，被毛粗乱，进行性消瘦、下痢，甚至死亡。在夜间检查，粪球或病兔肛门周围有乳白色似线头样栓尾线虫爬出。

（3）病理变化　幼虫在盲肠黏膜隐窝内发育，并以肠黏膜为食，使黏膜受损发炎。剖解时，在盲肠内容物中可见许多线状虫体。

（4）防治

①加强饲养管理，保持兔场环境卫生。重点加强饮水、饲料、兔舍的卫生管理。

②定期对兔舍、兔笼、用具、食具等进行彻底消毒。应及时清理兔粪，经堆肥发酵处理，以杀死粪便中的虫卵。

③口服左旋咪唑，按每千克体重 5～10mg，每天 1 次，连用 2d；或口服丙硫咪唑，每千克体重 10mg，每天 1 次，连用 2d。

167. 兔鞭虫病的病因和临床症状有哪些？如何防治？

兔鞭虫病又称毛首线虫病，是由兔毛首线虫寄生于兔大肠所引起的一种体内寄生虫病。兔鞭虫因其外形像鞭子（前段细后端粗）而得名，前部又似毛发故又称毛首线虫，主要感染家兔和野兔（图 8-3）。患病兔是主要传染源。成虫寄生于兔的盲肠和结肠内。

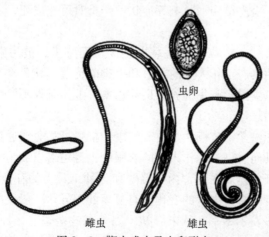

虫卵

雌虫　　　　　雄虫

图 8-3　鞭虫成虫及虫卵形态

（1）病因　虫体尖端可钻入肠黏膜深处并产卵，虫卵椭圆形，两端有塞状物。虫卵随粪便排出体外，可污染环境、饲料和饮水，并在体外发育成含幼虫的感染性卵。兔在采食和饮水过程中食入了具有感染性的卵，卵内的幼虫逸出并进入小肠前段黏膜内，然后移行到盲肠和结肠发育为成虫。

（2）临床症状　轻度感染时，一般无明显的症状；严重感染时，可造成盲肠黏膜的广泛破坏，病兔出现腹痛、腹泻、粪便带血，有的腹泻与便秘交替发生，有时可发生贫血，幼兔发育缓慢。

（3）防治

①加强饲养管理，定期进行消毒、驱虫，及时清理舍内粪便，保持笼舍的清洁、干燥、卫生。

②用杀鞭虫灵（酰酸丙炔脂），每千克体重 250～300mg，口服或静脉注射 1 次。

③用甲苯咪唑，每千克体重 22mg 拌料饲喂，每天 1 次，连用 5d；或用丙硫咪唑，每千克体重 25mg 拌料饲喂，隔天 1 次，连用 2 次。

（二）体外寄生虫病

168. 兔疥螨病的病因、流行病学和临床症状有哪些？如何防治？

兔疥螨病又名疥癣病，是因疥螨和耳螨寄生而引起的一种慢性、高度接触传染性、顽固性皮肤病，也是人兽共患寄生虫病。本病可致皮肤发炎、剧痒、表皮结痂、脱毛等症状，严重时可造成死亡，对养兔业危害甚大。

（1）病因　兔疥螨病是由螨虫经接触而感染。被污染的兔舍、兔笼、食具、用具、工作人员的衣服和手都能传播，秋冬季节，特别是阴雨天气、阴凉潮湿，密集饲养时最易感染；卫生条件不好，消瘦兔和幼兔易引起本病。

（2）流行病学　疥螨病是由于健康兔接触了病兔或通过有疥螨的兔舍和接触用具而感染。工作人员的衣服和手等也可以成为疥螨的传播工具。疥螨离开兔体后在兔舍内、墙壁和各种工具上的存活期限随温度、湿度及光照度等多种因素的变化而有显著的差异，一般仅能存活 3 周左右。疥螨病多发于冬季和秋末春初。因为在这些季节，日光照射不足，兔毛长而密，空气的湿度较大，最适合疥螨的发育和繁殖。在夏季，兔体绒毛大量脱落，皮肤常受阳光照射，皮温增高，经常保持干燥状态。这些条件不利于疥螨的生存与繁殖，大部分虫体死亡。这时症状减轻或完全康复。但仍有少数疥螨潜伏在耳壳、腹股沟及被毛深处，或在非易感动物体上做短期停留，成为冬季疥螨病复发和传播的根源。幼兔往往易患疥螨，发病也较为严重。随着年龄的增长，即产生免疫力。免疫力的强弱取决于兔的健康状况、营养水平以及有无其他疾病等。

（3）临床症状　兔疥螨主要发生于耳（称耳螨病）、全身（称体螨病）和四肢（称足螨病）。病初在皮肤上也出现红肿，破伤流出白色或黄褐色渗出物，数天后结成黄褐色结痂，痂块逐渐增厚干裂成白色，布满整个耳、四肢及全身。局部发痒造成兔吃草料减少，逐渐消瘦贫血，严重时引起死亡。

（4）预防

①加强饲养管理，搞好环境卫生，保持兔舍、笼清洁，干燥，通风良好，阳光充足。

②定期检查兔群，一旦发现病兔，应立即淘汰或隔离治疗。

③定期消毒兔舍、兔笼、用具、食具。消毒可用 10％～20％石灰水和 3％～5％来苏儿。

（5）治疗

①皮下注射伊维菌素，每千克体重 0.02mL，或饲喂阿维菌素片，每 10kg 体重 1 片，或用阿维菌素粉每千克体重 0.02mg 拌料饲喂，每季度一次。

②每月用 5％的三氯杀螨醇或杀螨灵进行药浴、洗脚一次。

169. 兔痒螨病的病因、流行病学和临床症状有哪些？如何防治？

兔痒螨病又名耳螨或耳癣病。耳螨病是由兔痒螨引起的一种慢性、高度接触性、顽固性、皮肤外寄生虫病，也是一种人畜共患病。本病可使病兔耳内充满痂皮，严重者会有血液渗出；还会使病兔发生代谢障碍、消瘦、掉毛；如不及时治疗，会造成病兔贫血、虚弱甚至死亡，给养兔业造成很大的危害。

（1）病因　兔舍阴暗、潮湿，笼舍布局不合理，舍间距较近，饲养管理不当，以及卫生条件不良，均能促使痒螨病的发生、发展和流行。

（2）流行病学　痒螨寄生于皮肤表面，不在表皮内挖凿隧道，终身寄生于动物体上。宿主体表的温度与湿度对痒螨的发育速度有很大的影响。身体瘦弱、皮肤抵抗力低的兔容易感染痒螨病；反之，身体强壮、营养状况好者则抵抗力强，不易患本病。

痒螨为接触传染，如病兔和健康兔混在同一舍内即可造成相互感染。也可通过用具、工作人员的衣物和手传播。在冬季特别是潮湿、阴暗又拥挤的兔舍内，传染和发病较为严重。夏季对痒螨的发育不利。特别是在剪毛或换毛后，皮肤表面温度骤降，阳光照射及干燥的空气均对痒螨的发育和生存极为不利。于是，它们潜伏在皮肤的皱襞中和其他阳光照射不到的部位，如耳壳、尾根下、会阴、阴囊及爪间隙等处，使病兔转为潜伏型的痒螨病。一旦进入秋、冬季节，它们即重新活跃起来，在一定条件下引起疾病复发。

（3）临床症状　兔痒螨病主要寄生于外耳道及耳郭内，引起严重的外耳道炎，渗出物干燥后形成黄色痂皮塞满耳道，如卷纸样，耳根出血肿胀，耳朵变重下垂，不断摇头和用脚搔抓耳朵。由于耳道被痂皮堵塞造成听觉不灵，严重者可造成耳朵缺损。病兔出现烦躁不安，严重时蔓延至筛骨及脑部，引起神经症状而死亡。

（4）预防

①定期消毒兔舍、兔笼、用具、食具，及时清除污物，保持兔舍通风、干燥。消毒可用 10%～20%石灰水和 3%～5%来苏儿。

②发现病兔应及时隔离或淘汰。

③加强饲养管理，做到早发现、早治疗，彻底消灭兔体上的痒螨。

（5）治疗

①皮下注射伊维菌素，每千克体重 0.02mL，或饲喂阿维菌素片，每 10kg 体重 1 片，或用阿维菌素粉每千克体重 0.02mg 拌料饲喂，每季度一次。

②每月用 5%的三氯杀螨醇或杀螨灵进行药浴和滴耳。

170. 兔虱病的病因和临床症状有哪些？如何防治？

兔虱病是由兔血虱寄生于兔体表引起的一种慢性寄生虫病。

（1）病因　兔舍和兔体脏污时极易感染本病，兔血虱寄生于兔体表，感染兔是主要的传染源，通过直接接触病兔或间接接触污染的器具感染。

（2）临床症状　兔感染兔血虱时，由于虫体叮咬及所分泌毒液的刺激，使兔发生痒的感觉，抓挠、啃咬寄生兔血虱的部位，造成渗出、出血、结痂，甚至皮肤增厚、脱毛。仔细检查可看到兔虱或可发现淡黄色的虫卵，寄生量大时可引起兔食欲不振、消瘦。

（3）预防

①加强饲养管理，搞好环境卫生，保持兔舍、笼清洁，干燥，通风良好，阳光充足。

②定期检查兔的体表，一旦发现病兔，应立即隔离治疗。

③定期消毒兔舍、兔笼、用具、食具。消毒剂可选用 10%～20% 石灰水和 3%～5% 来苏儿。

（4）治疗

①皮下注射伊维菌素，每千克体重 0.02mL，或饲喂阿维菌素片，每 10kg 体重 1 片，或用阿维菌素粉每千克体重 0.02mg 拌料饲喂，每季度一次。

②中药百部根 1 份、水 7 份，煮沸 20min，冷却到 30℃时用棉花蘸水，在兔体上涂擦。

③烟叶（或烟梗）4g、水 100mL，浸泡 24h，煮沸 1h，待凉后，涂擦患部。

171. 兔蜱病的病因、流行病学和临床症状有哪些？如何防治？

兔蜱病是蜱寄生于兔体皮肤的一种吸血性寄生虫病。蜱（俗称草爬子、狗豆子、壁虱）寄生于多种动物和人，分为硬蜱和软蜱。

目前全世界已发现有 800 多种蜱虫，硬蜱约 700 种，而中国有 100 多种。可以寄生于兔的蜱有很多种，在我国常见的有草原革蜱、森林草蜱、中华草蜱、微小牛蜱、扇头蜱、璃眼蜱等。不同的蜱形态各不相同，其共同的形态特点有头节、须肢。蜱背腹扁平，呈卵圆形，无明显头胸腹之分，通常分为假头和躯体两部分。假头 1 对柱状须肢，中间腹面 1 个口下板，背面 1 对须肢。成蜱和若蜱有 4 对足，而幼蜱有 3 对足。

蜱的发育分为卵、幼蜱、若蜱和成蜱 4 个阶段。多数蜱在动物体上进行交配，交配后吸饱血离开宿主落地，爬到缝隙内或土块下静伏不动，一般经过 4～8d 待血液消化和卵发育后，开始产卵。不同种的蜱发育所需时间不同，各个阶段的宿主种类和变更宿主的次数也不同，并以此把蜱分为单宿主蜱、二宿主蜱、三宿主蜱和多宿主蜱。

（1）病因　兔体较脏、兔舍及周围环境卫生差时极易感染本病，蜱寄生于兔体表，感染兔是主要的传染源，通过直接接触病兔或间接接触污染的器具感染。

（2）流行病学　不同地区、不同种类的蜱，活动周期不同。在我国南方一年四季都有，北方春、夏、秋季较多。一般多发生在4～9月，寒冷季节不发或少发。蜱可以传播许多病毒、细菌、立克次体等疾病。

（3）临床症状　兔皮肤被叮咬出血，造成皮肤机械性损伤和继发感染。蜱吸食固着的部位，又痛又痒，使兔躁动不安，影响采食和休息。蜱大量寄生时，引起兔食欲减退、消瘦、贫血、发育不良、毛皮质量下降。因蜱的唾液中含有大量毒素，叮咬严重时可造成兔的后肢麻痹。

（4）防治

①加强饲养管理，搞好兔舍环境卫生。兔舍定期用石灰水（石灰1kg和水5L）加1g敌百虫粉喷洒，或用2％敌百虫溶液洗刷兔笼及用具。

②定期对兔群进行预防投药，皮下注射伊维菌素，每千克体重0.02mL。

③患病兔可用酒精、乙醚、煤油、凡士林等涂于蜱体，等其麻醉或窒息后再拔除。拔除蜱时，应保持蜱体与动物体表呈垂直方向；否则，蜱的口器会断落在皮肤内，引起局部炎症。

④用杀蜱药物对兔涂擦、喷洒或药浴，如有机磷类（1％敌百虫、0.05％蝇毒磷溶液）、鱼藤精乳剂（鱼藤精3份、肥皂4份、水100份）、0.05％双甲脒溶液（原液为20％双甲脒乳油）等。

172. 兔蝇蛆病的病因、流行病学和临床症状有哪些？如何防治？

蝇蛆病又称为蛆病，是由双翅目昆虫的幼虫侵入兔的组织或腔道内引起的疾病。临床上以食欲减少、消化紊乱、瘦弱和呈恶病质状态为特征。

（1）病因　蝇蛆病多发生在炎热的季节，主要是由于环境卫生差、饲养管理不当造成。能引起兔蝇蛆病的蝇种类很多，有丽蝇属、污蝇属、胃蝇属等多种蝇。

（2）流行病学　蝇蛆病可发生于任何年龄段的兔，但对幼兔危害严重。大多数成蝇常在果园和苜蓿地栖息，不同种蝇的繁殖期及生物特性不尽相同，但一般的活动盛期在5～9月。因此，兔的蝇蛆病常发生于夏秋季节。

（3）临床症状　蝇蛆通常寄生在兔的鼻、口、肛门、胃、肠道、生殖道、伤口及皮下组织内，皮肤表面的寄生部位多在肩胛部、腋下、腹股沟、面部、颈部和臀部。一般情况下，感染初期兔的临床症状不明显，幼虫孵出后向深部移行，兔表现不安或尖叫，幼虫侵入部位出现局部红肿，有痛感，触诊敏感，有炎性分泌物。随着幼虫的生长，侵入腔道可造成相应器官的功能障碍；侵入皮下组织可形成中央有小洞或瘘管的肿胀，肿胀直径为 10～20mm，继发细菌感染后形成脓肿，破溃后流出恶臭红棕色脓汁，用手挤压局部有时可见蝇蛆。由于幼虫在宿主组织和腔道内生长，以寄生的组织为营养，并有向深部组织内钻行的特点，同时在幼虫生长发育过程中产生多种毒素。随着病情的发展，兔迅速消瘦，极易死亡，特别是幼兔死亡率更高。

（4）防治

①加强饲养管理，一旦发现病兔及时隔离治疗。经常打扫兔舍及周围地面，及时处理好粪便、垃圾，并喷洒杀虫剂，以消灭蝇蛆和蛹。夏秋季定期喷洒敌百虫、除虫菊酯等杀虫剂。

②兔舍周围不宜种果树，对兔舍加装纱网，防止蝇类对兔的侵袭。

③寄生在体表部位，首先将肿胀的结节用手术刀片切一小创口，用眼科镊子把蝇蛆取出来；也可向患部洞口滴入 1～2 滴氯仿或乙醚，促使蝇蛆离开洞穴；还可用手指挤捏患部，挤出虫体。然后，用 0.1% 的高锰酸钾溶液冲洗。最后，再涂上消炎粉。如有化脓，可向洞内注射双氧水冲洗，除净坏死组织后，局部注射 1 万～2 万单位青霉素，连用 2 次。蝇蛆寄生深部组织或胃肠道内，可皮下注射依维菌素，每千克体重 0.02mg；对体温升高，出现全身症状的病例，除局部杀虫外，还应进行全身治疗，注射青霉素 2 万～5 万单位、链霉素 1 万单位，直至全身症状消失。

九、兔常见其他疾病篇

(一) 中 毒 病

173. 兔常见的中毒病有哪些?

兔中毒的原因大多由于用药不当或误食有毒植物和变质霉变饲料而引起。常见的有:

(1) 有机磷中毒 兔多因误食了含有农药污染的饲草、饲料或由于消毒驱虫剂量浓度和方法不当而引起的。其中毒症状表现为流泪、流涎、腹痛、腹泻、兴奋不安、抽搐、痉挛、瞳孔缩小、呼吸急促、心跳加快等,死亡率高。

(2) 有毒植物中毒 一般兔有鉴别有毒植物的能力,但当青草缺乏、饥饿或有毒植物和普通饲草混在一起时,就易误食发生中毒。常见的有毒植物为车前子、牵牛花、断肠草、马尾莲、灰菜、青芹、野山茄子、山槐子、白头翁、苍耳、回回蒜、半夏、夹竹桃、高粱苗、玉米苗、马铃薯秧和芽、蓖麻叶、烟叶、棉花叶、椿树叶、柳叶等。中毒症状表现为呕吐、流涎、腹痛、腹泻、知觉消失或麻痹、呼吸困难等。

(3) 药物中毒 如马杜拉霉素中毒。马杜拉霉素是一种聚醚类离子载体抗生素,主要用于预防兔球虫病。其毒性大,在剂量上,只需0.000 5%浓度,在使用时必须充分拌匀,且不能随意加量,否则会引起中毒。表现为发病急,死亡快,慢性者出现减食,精神沉郁、流涎、伏卧、昏睡、运动失调等。

(4) 霉菌毒素中毒 在各种饲料中,特别是玉米、花生、豆饼、草粉、菜粕、鱼粉、棉子饼、大麦、小麦等因受潮、受热而发霉变质后,霉菌大量繁殖。特别是黄曲霉毒素,兔食后引起中毒。表现为精神沉郁、减食或不食,口流涎,便先干后稀且带血液,口唇皮肤发绀,可视黏膜黄染。随后出现四肢无力,软瘫,全身麻痹而死。

(5) 食盐中毒 食盐中毒初期减食,精神沉郁,结膜潮红,下痢,口渴,兴奋不安,头部震颤,步履蹒跚。重者癫痫状痉挛,口吐白沫,呼吸困难，最后昏迷死亡。

（6）亚硝酸盐中毒　兔采食堆积发热的青饲料、蔬菜或饲料中因硝酸盐含量过高而发病。急性表现为多在采食后 20min 到数小时发病，呼吸困难，口流白沫，磨牙，腹痛，耳、鼻青紫。

（7）氢氰酸中毒　兔采食了高粱、玉米、豆类、木薯等的幼苗或再生苗，或桃、杏、李叶及其核仁，或食入被氰化物污染的饲料或饮水。发病急，病初兴奋不安，流涎、呕吐、腹痛、胀气和下痢等，行走摇摆，呼吸困难，结膜鲜红，瞳孔放大。心力衰竭，倒地抽搐而死。

174. 兔有机磷中毒的病因和临床症状有哪些？如何防治？

（1）病因　兔因误食用过有机磷农药（对硫磷、内吸磷、马拉硫磷、乐果、敌百虫、敌敌畏等）而毒性未解除的蔬菜、谷物、植物种子和田间杂草等都可发生中毒。治疗内外寄生虫时，用药不当也可发生中毒。

（2）临床症状　病兔不吃草料，大量流涎，吐白沫、流泪、磨牙、肌肉震颤，呼吸急促，呼出的气有大蒜味。有的抽搐，出汗，后肢麻痹，口黏膜和眼结膜呈紫色，瞳孔缩小，视力减退，拉稀，排血尿，尿液有大蒜味，昏迷倒地而死。

（3）防治

①不喂喷洒过有机磷制剂杀虫药，而药性未解除的青饲料。用有机磷制剂驱除内外寄生虫时，严格控制剂量、浓度和用药的间隔时间。

②中毒的病兔先静脉注射 4% 解磷定 1～2mL，每隔 2～3h 注射一次；也可静脉注射 25% 氯磷定 0.5～1mL。

③肌肉注射 1% 硫酸阿托品 0.5mL。

175. 兔有机氯化合物中毒的病因和临床症状有哪些？如何防治？

（1）病因　该类农药多经皮肤、消化道和呼吸道侵入机体。大多是由于兔误食含有机氯化合物喷洒后的饲料、饲草而引起中毒。

（2）临床症状　病兔多兴奋，流涎，呕吐，肌肉震颤，运动失调，头颈向下方弯曲，不吃草料，常发生死亡。

（3）防治

①不喂喷洒过含有有机氯化合物的饲草和饲料。

②中毒病兔首先查明中毒是内服还是外用中毒。内服中毒时，可喂少量碳酸氢铵及泻盐（如硫代硫酸钠或硫酸镁）；慢性中毒可静脉注射葡萄糖液和维生素 C，以增强肝脏解毒功能。外用中毒时，立即用肥皂水洗去残留体表的农药，防止继续吸收。

176. 兔灭鼠药中毒的病因和临床症状有哪些？如何防治？

本病是由于兔误食灭鼠药而引起的中毒性疾病。速效的灭鼠药有磷化锌、毒鼠灵、甘氟、安妥等，缓效的有敌鼠钠盐、杀鼠灵等。

（1）病因　兔发生灭鼠药中毒的主要原因是灭鼠药管理不当和使用不当。当灭鼠时，毒饵不慎混入饲料或饮水中，兔食后即可发生中毒。

（2）临床症状　磷化锌中毒，病兔精神不振，口渴，下痢，共济失调，进行性衰弱。安妥中毒时食欲消失，呼吸困难（肺水肿），共济失调，衰弱和昏迷。中毒严重的很快死亡。

（3）防治

①兔场灭鼠时，谨防毒饵混入饲料中和饮水里。

②磷化锌中毒时，用 0.1%～0.5% 硫酸铜灌服，有解毒作用。

③安妥中毒无特异解毒药，早期可服盐类泻剂，并用抗生素防止继发感染。

177. 兔霉变饲料中毒的病因和临床症状有哪些？如何防治？

（1）病因　在饲料中，玉米、花生、豆饼和鱼粉等发生霉变，产生毒素被兔采食后引发霉菌中毒。

（2）临床症状　发病兔食欲减退，精神不振，多伏卧，流涎，口吐白沫，反应迟钝，渴欲增强，腹泻，粪便恶臭，可视黏膜黄染。怀孕母兔出现流产或死胎，严重病例不食，后肢无力，可视黏膜苍白，肛门带有血便，间歇性抽搐，运动失调，全身麻痹，迅速死亡。

（3）防治

①停喂发霉变质的干草和配合饲料，重新配制饲料，并喂给青绿饲料。

②病情较轻者，每千克饲料中加入碘化钾 5～10g 饲喂。

③用制霉菌素、两性霉素 B 等抗真菌药物治疗，用 10% 葡萄糖50mL，加 2mL 维生素 C 静脉注射。

④用 0.1％高锰酸钾液或 2％碳酸氢钠溶液 50～100mL 灌服洗胃；5％葡萄糖 50mL，加 2mL 维生素 C 灌服。

⑤口服 5％硫酸镁 30～50mL 或液体石蜡、鱼石脂等药物；也可静脉注射 5％～10％葡萄糖、20％安钠咖、5％维生素 C。

178. 兔棉籽饼中毒的病因和临床症状有哪些？如何防治？

棉籽饼中毒是因长期或大量摄入榨油后的棉籽饼，引起的以出血性胃肠炎、全身水肿、血红蛋白尿和实质器官变性为特征的中毒性疾病。

(1) 病因　棉籽饼是棉籽榨油后的副产品，粗蛋白含量达 36％～40％。其中，赖氨酸 1.59％，蛋氨酸 0.52％，无氮浸出物近 30％以上，含有大量的磷和维生素。棉籽饼中含有游离棉酚等有毒物质，当棉饼中游离棉酚的含量达到 0.04％～0.05％，即可产生毒害作用。如果未经脱棉酚处理或调制不当，长期大量饲喂可引起兔中毒甚至死亡，尤其是妊娠母兔和仔兔对游离棉酚特别敏感。棉酚可由乳汁排出，如母兔摄入大量未处理的棉籽饼，不仅易引起母兔中毒，而且可通过乳汁影响哺乳幼兔。兔对棉籽饼中的棉酚非常敏感，所以，尽量不要选用棉籽饼作为兔的饲料。

(2) 临床症状　棉籽饼中毒一般呈慢性经过。病兔精神委顿，食欲减退，粪便干燥，腹痛、腹泻。被毛粗乱、无光泽，结膜苍白或轻度黄染。种兔配种受胎率低，性欲不强，产仔数少，孕兔多发生流产，一般流产发生在 18～25d。死产和畸形胎儿增多。母兔泌乳量降低，仔兔发育不良。

(3) 防治　棉籽饼中毒尚无特效疗法，主要是消除致病因素、加强毒物排除及对症疗法。根据病情，可结合轻泻、消炎、收敛、强心、补液等对症疗法。

①慎用棉籽饼、粕，尽量选用其他蛋白质饲料。

②一旦发生中毒，应立即停止饲喂含有棉籽饼的日粮。同时，饮用葡萄糖盐水加适量抗生素，以排毒消炎。

③增加日粮中蛋白质、维生素、矿物质和青绿饲料，可减轻和预防棉籽饼中毒。

④限制喂量，成年兔每天不超过 50g，采用喂 15d 停 15d 的间歇饲喂法。孕兔和幼兔不喂。

⑤采用脱毒处理，高温蒸煮或炒 4～6h；或将棉籽饼粉碎，用 2％

的石灰水或 2.5％的苏打水浸泡 24h，然后用清水冲洗 2～3 次；或用 0.1％～0.2％硫酸亚铁溶液浸泡；或在含有棉籽饼的日粮中添加硫酸亚铁；或用 10％大麦粉煮后去毒。

⑥对中毒严重病兔，可静脉注射 10％葡萄糖溶液和维生素 C；或一次灌服鞣酸蛋白 0.3～0.5g。

⑦用 5％的葡萄糖溶液 20mL、0.9％氯化钠溶液 10mL、安钠咖 0.2g 和抗坏血酸 5mL，混合后，一次静脉注射。

179. 兔菜籽饼中毒的病因和临床症状有哪些？如何防治？

（1）病因　菜籽饼是较好的植物蛋白类饲料，蛋白质含量高，广泛用于饲料行业。但菜籽饼中含有芥子苷、芥子酶等多种有毒成分。如未经处理、处理不当或长期大量饲喂，都易引起兔中毒。

（2）临床症状　病兔精神萎靡，食欲减退或废绝，流涎，站立不稳，尿频，有时排出带有少许血液的稀粪。呼吸急促，口鼻发紫，四肢发凉，鼻孔流出血色泡沫。病死兔可视黏膜苍白、黄染、充血、出血、心内外膜出血，肾出血，发生肺气肿或肺水肿，肝肿大。

（3）防治

①慎用菜籽饼，尽量选用其他蛋白质饲料。

②一旦发生中毒，应立即停止饲喂含有菜籽饼的日粮。同时，饮用葡萄糖盐水加适量抗生素，以排毒消炎。

③限制喂量，成年兔每天不超过 50g，采用喂 15d 停 15d 的间歇饲喂法。孕兔和幼兔不喂。

④用脱毒法处理后喂兔，如将菜籽饼与水等量拌匀泡软后埋坑 2 个月；或将菜籽饼与 40℃左右温水按 1∶4 的比例发酵 24h，滤水，加清水和碱中和至 pH 7～8 不再下降即可；或用蒸煮、堆放发酵等脱毒法处理。

⑤对中毒病兔可静脉注射 10％葡萄糖溶液和维生素 C 有一定疗效。

180. 兔甘薯黑斑病中毒的临床症状和病理变化有哪些？如何防治？

甘薯又名红薯、白薯、山芋或地瓜，在广大农村，每年甘薯育苗季节，兔常因吃了带有黑斑的甘薯而发生中毒。

（1）临床症状　病兔体温正常，食欲减退或废绝，脉速，步态蹒跚，呼吸困难，眼球突出，结膜发红，耳静脉怒张，流涎，吐沫，常见有臌气、腹泻；有时出现腹痛症状，均有明显的神经症状。根据临床中毒表现，大致可分为以下 3 种临床类型：

①轻型。病兔精神沉郁，步态不稳，体温 38.3～39.5℃。

②重型。病兔呼吸急促，心律不齐，磨牙，口吐白沫，阵发性痉挛，有时连续发作。体温不稳定，多为 39.5～40.5℃。

③危型。病兔四肢无力，视觉反射极弱。最后，体温下降，倒地痉挛，瞳孔放大，很快死亡。

上述轻型病兔，如能及时抢救，多可转危为安，无死亡现象；重型病兔若不尽快治疗，多以迅速死亡而告终。

（2）病理变化　病死兔尸僵完全。眼结膜苍白，口腔干燥。腹部高度膨胀，腹部皮肤青紫。肺脏瘀血。肝脏硬化，胆囊扩张。肾脏苍白、肿大。胃脏充满甘薯苗和浅绿色液体，胃壁有大面积出血区；盲肠内有血液，肠管大面积瘀血。脑组织充血、出血。

（3）防治

①不喂堆积的甘薯。因为堆积后的甘薯易发热出现黑斑病。

②用抗生素治疗无明显疗效时，应停用抗生素药物。

③对每只病兔先放血 2.5～3.0mL，然后，静脉注射 5％葡萄糖氯化钠溶液 150～200mL、10％维生素 C 5～10mL，每天 1 次。同时，肌肉注射维生素 B_{12} 0.05～0.1mg。

④对轻型病兔灌服绿豆甘草石膏汤，早、晚各灌服 1 次。方剂为绿豆 40g、甘草 20g、石膏 25g，水煎后，加白糖 30g。

181. 兔食盐中毒的病因和临床症状有哪些？如何防治？

（1）病因　食盐是畜禽生理上不可缺少的成分，适量的食盐还可增加饲料的适口性，促进食欲。但过量的食盐进入机体，则可引起中毒，甚至死亡。当机体缺乏维生素 E 和某些氨基酸时，可增加其中毒的敏感性。

兔的食盐中毒常由于食入含盐量过高的酱渣、饲料、咸水等，或配料错误以及混合不均造成。

（2）临床症状　病初精神萎靡，食欲废绝，渴欲增加，体温正常，呼吸浅表。目光呆滞，站立不动或孤立一隅。随着病程的发展，后期出现兴奋不安，站立不稳，前冲后退，肌肉痉挛，身体震颤；口吐白沫，可视黏膜充血、潮红；严重的病兔意识紊乱而拒绝饮水，临死前，病兔侧卧，抽搐，四肢呈游泳状，头向后仰，眼睑反射消失，并发出尖叫声而死亡。

（3）防治

①加强饲养管理，一旦发现兔中毒，应立即停喂含盐分过多的饲料、咸水等。

②对病兔给予大量清洁的饮水，并在水中加入 15% 葡萄糖粉、溴化钾和双氢克尿噻。另外，给病兔肌肉注射安钠咖 1mL。

182. 兔尿素中毒的临床症状有哪些？如何防治？

尿素即碳酸二酰胺，为酰胺类化合物，已成为农业上日益广泛使用的化肥。由于被家畜大量误食，部分尿素易分解成氨，从而引起中毒。

（1）临床症状　病兔精神委顿，体温高达 41.5℃ 以上，食欲减退或废绝，口角流涎和流绿色泡沫，呼吸促迫，心跳加快，全身无力，喜伏卧，耳、鼻发紫，腹部膨胀。粪便干燥或不排粪，排尿量极少或不排尿。

（2）防治

①发现中毒，应立即停喂施肥过尿素的饲草，并将病兔移到通风阴凉处。

②对每只病兔用安乃近或安痛定注射液 2mL，溶入青霉素 G 5 万单位和硫酸链霉素 4 万单位，充分稀释后肌肉注射。

③每只病兔用 25% 葡萄糖注射液 20mL 和维生素 K 注射液，耳静脉缓注。

④板蓝根糖浆水或绿豆煎汁，加 1% 食盐稀释后凉饮，每兔 50～150mL。

⑤取鲜西瓜切开，每兔 100g 让其采食。

183. 兔使用青霉素过敏后的症状有哪些？

对一只患有乳房炎的母兔，使用普鲁卡因青霉素 40 万单位，股内侧肌肉注射。注射完后，病兔立刻倒地，全身抽搐，呼吸困难，喉部发出"呼呼"声，口吐白沫。医者立即向病兔皮下注射盐酸肾上腺素

1mL（含量 0.5mg）。病兔慢慢抬头，继而自行起立，约经 1h 过敏反应消失，恢复正常。

青霉素对家畜的毒性虽很少，但多年来在不同畜种都发生过使用青霉素后引起注射局部肿胀、皮疹、水肿或过敏性休克而死亡的现象。一般反应于停药后，可自行消失，但过敏性休克应立即注射盐酸肾上腺素进行抢救。

184. 兔三氯杀螨醇中毒的病因、致病机理和临床症状有哪些？如何防治？

三氯杀螨醇是一种高效、低毒专用杀螨剂，属于有机氯制剂。临床实验证明，采用 5%～10%三氯杀螨醇治疗兔疥癣病和耳螨病，均有很好疗效，治愈率多在 95%以上。用药后，极少数病兔偶尔表现轻度震颤，且不治而愈。

（1）病因 大多数是由于使用 5%～10%三氯杀螨醇溶液给 2～3 月龄兔群擦耳郭时，用药棉蘸取药液过多，致使药液流入兔耳内，从而引起兔三氯杀螨醇中毒。

（2）致病机理 三氯杀螨醇对神经组织有较强的损害作用。当药液流入耳内，被耳鼓膜和周围组织吸收，选择性地作用于神经组织，造成兔前庭神经中毒麻痹，使兔的头、颈平衡失调而歪头。由于每只病兔滴入药液的量不同以及兔的个体差异，因此，兔呈现不同程度的歪头病。

（3）临床症状 病兔主要表现为不同程度的歪头现象。精神兴奋，食欲减退，严重歪头者采食困难，未见拉稀和流涎现象。

（4）类症鉴别 三氯杀螨醇引起兔前庭神经麻痹所致的歪头病，与耳螨病和中耳炎所致的歪头病的区别，主要在于前者耳道内无结痂和脓性分泌物，且抗菌药物治疗无效。

（5）防治

①在使用三氯杀螨醇治疗兔耳螨病时，应谨慎操作，避免将药液注入兔耳内。

②兔三氯杀螨醇中毒后会影响其采食和繁殖，故应及时淘汰。

③应急疗法。对病兔采用浓肥皂水滴入耳内 2 滴，每天 2 次，连用 3d。轻度歪头者可康复，严重歪头者也有好转。

185. 兔杀灭菊酯中毒的临床症状和病理变化是什么？如何防治？

杀灭菊酯是一种广谱、广效、安全杀虫剂，能有效地防治大约 160 种害虫，可广泛用于多种农、林、茶、蔬菜等作物的虫害防治，还可用于畜禽卫生、仓储等方面。

（1）临床症状　病初，病兔精神沉郁，食欲减退，行走无力，继后肢麻痹；强迫驱赶，前肢爬行，后肢拖地，有时滚转前进。病重者四肢瘫痪。心跳、呼吸加快，体温正常，四肢和双耳发凉，眼结膜苍白。多数病兔能吃少量青草，口腔无黏液和白沫，排球状粪便，个别病兔排糊状、绿色稀粪，尿少且红。严重者头向后仰，抽搐数次后死亡。急性死亡者仅占 2%～3%。一般病程较长，可延续 1 周以上，但病情未见好转。

（2）病理变化　病死兔的腹腔有少量积液，胃黏膜脱落，胃底部出血；小肠内容物粥样，黏膜脱落，大肠轻度炎症。肝脏瘀血，质地硬脆，挤压发出吱吱声。肾脏瘀血，肾盂部呈白色、胶冻样病变。心包腔有少量积液，肺部无明显病变。膀胱充满红色尿液。皮下和肌肉未见异常。

（3）防治　当蔬菜类害虫（如青虫、蚜虫等）危害十分严重时，菜农往往多次应用杀灭菊酯类农药喷杀。由于蔬菜类外表叶片含毒量偏高，喂后引起兔中毒实例已屡见不鲜。因此，在青饲料供应旺季，千万要小心，别误喂喷洒农药的青菜、青草等，确保兔群安全，避免中毒事故的发生。

目前，杀灭菊酯中毒尚无特效解毒药。不过，可试用解毒合剂，以解燃眉之急。并配合对症疗法，以缓解病情，提高治愈率，尽量减少经济损失。

186. 兔草胺磷中毒的临床症状是什么？如何防治？

草胺磷属磷酸类除草剂，是谷氨酰胺合成抑制剂，为非选择性触杀除草剂，除具有除草活性外，还具有杀虫、杀菌活性，可以与杀虫剂等混配，具有高效、低毒、降解快等特点。被广泛用于果园、菜田、田间等除草。大多是由于兔误食大量被草胺磷喷洒后的饲草而引起中毒。

（1）临床症状　病兔兴奋不安，对外界刺激敏感，头颈弯曲，全身颤抖，厌食，反应迟钝，流涎、呕吐，口吐白沫，瞳孔缩小，视力减退，腹痛、腹胀、腹泻，排黏液样稀粪。

（2）病理变化　心脏瘀血，肝脏肿大，肺脏水肿，肾脏肿胀、有小点出血。气管和支气管积有黏液，胃黏膜出血，手触黏膜易脱落，膀胱积满尿液。

（3）防治

①一旦发现兔中毒，应立即停喂有毒青草。

②保持整个兔群饮水充足，让其自由饮用。

③中毒的病兔先静脉注射 4% 解磷定 1～2mL，每隔 2～3h 注射一次；也可静脉注射 25% 氯磷定 0.5～1mL。

④肌肉注射 1% 的硫酸阿托品 0.5mL。

187. 兔马杜拉霉素中毒的临床症状有哪些？如何防治？

马杜拉霉素又名抗球王或杜球等，是聚醚类抗生素中效力最强的离子载体型抗球虫剂。其毒性较大，超出剂量极易引起中毒，国家推荐添加浓度为每千克饲料 5mg。

（1）临床症状　病兔精神沉郁，食欲不佳，甚至废绝，伏卧，嗜睡，体温正常或偏低，反应迟钝，行走不稳，陷入瘫痪和昏睡。

（2）病理变化　病死兔心包积液，心肌松软，失去弹性。肝脏肿大，质地脆，有的可见坏死灶；肾脏肿大，皮质有针尖大出血点；肺瘀血、水肿，有的可见斑点状出血；脾肿大；胃黏膜脱落、出血。

（3）防治

①确诊兔患病后，应立即停喂含马杜拉霉素的饲料，并及时更换饲料。

②在饲料添加该药时应准确计算用药剂量，拌料一定要混匀，避免人为因素的失误。

③对病兔供给充足的饮水。在饮水中加 3%～5% 的葡萄糖和 0.1% 维生素 C 溶液，或加口服补液盐。

④用 10% 的维生素 C 注射液，静脉注射，每只兔每次 0.5mL，同时使用 5% 的葡萄糖溶液。

188. 兔构树叶中毒的临床症状有哪些？如何防治？

构树别名谷浆树、谷树、奶树、褚桃、谷桃等，为桑科构树属，落叶乔木，生长于长江和珠江流域以及黄河中下游各地。皮和叶多浆汁似奶状，可治螨病；叶甘辛、微甜，兔喜食。多由于兔大量采食构树叶引起中毒。

（1）临床症状　发病快，一般连续采食 2～3d 发病，病兔表现食欲废绝，喜饮水，烦躁不安，结膜苍白，排乳白色粪，量较多，粪球细小而干燥，表面附少量灰白色黏液，平均体温 38.8～39.0℃。

（2）防治

①一旦发现兔中毒，应立即停喂构树叶，而改喂青草。

②病兔停止采食 1d 后，能不治而愈。停止排乳白色粪，均先后恢复正常。

189. 兔亚硝酸盐中毒的病因、临床症状和病理变化有哪些？如何防治？

（1）病因　主要是各种鲜嫩的青草、白菜、甜菜、玉米苗等多汁鲜嫩饲料中含有大量的硝酸盐，尤其是施用硝酸铵、硝酸钠或硝酸钾等化肥，使用除草剂或植物生长刺激剂的植物含硝酸盐较高。采集后堆放时间过长或雨淋后日晒，硝化细菌使饲料中的硝酸盐转化为亚硝酸盐。此类饲料被兔采食后，可引起亚硝酸盐中毒。

（2）临床症状　采食含有亚硝酸盐的饲料后，亚硝酸盐可迅速被吸收而进入血液，使血红蛋白丧失携带和释放氧的能力而中毒。

采食快而量大时一般是突然发病，发病前精神状态良好，食欲旺盛，突然表现出不安，站立不稳，倒地死亡；多数是采食过程中或采食后十几分钟即表现出临诊症状，呕吐、腹泻、起卧不安、呼吸急促、心跳加速，可视黏膜、四肢及耳部呈紫色，肢端和耳部发凉，全身肌肉震颤，最后强直性痉挛直至死亡。

（3）病理变化　病死兔尸体软而不僵，腹部胀满，口鼻乌紫色，流出淡红色泡沫状液体。组织器官瘀血，胃、肠、气管和支气管黏膜充血、出血，肝脏肿大、瘀血，心内外膜出血，肺充血水肿，血液因缺氧而呈酱油色，不能完全凝固。

（4）防治

①用各种鲜嫩的青草、白菜、甜菜、玉米苗等多汁鲜嫩饲料喂兔时，一定要保证新鲜。如一时不能用完，可将饲草摊开晾置，不要长时间堆放。

②兔发病后，要立即停喂原来的饲料，用 1％亚甲蓝溶液，按每千克体重 2～3mL 静脉注射。

③用甲苯胺蓝按每千克体重 5mg 配成 5％的溶液静脉注射、肌肉注射或腹腔注射。

190. 兔氢氰酸中毒的病因和临床症状有哪些？如何防治？

（1）病因　高粱苗、玉米苗以及桃、李、杏、梅、樱桃等的叶子和木薯、生的亚麻籽饼等富含氰苷类物质，兔采食了这些饲料后，在胃液内的酶和盐酸或植物本身所含氰糖酶的作用下可产生游离的氢氰酸而呈现剧毒作用，从而引起兔氢氰酸中毒。

（2）临床症状　发病前精神状态良好，采食正常，一般在采食氰苷类饲料后十几分钟便表现出临诊症状，腹痛不安、呼吸困难、口流白色泡沫状的液体、下痢、行走不稳，可视黏膜呈现樱桃红色，呼出的气体有苦杏仁味，瞳孔散大，肌肉痉挛，直至死亡。全身各组织器官瘀血，流出的血液呈鲜红色，血液凝固不良，有苦杏仁味。

（3）防治

①禁止饲喂高粱苗、玉米苗以及桃、李、杏、梅、樱桃等的叶子和木薯、生的亚麻籽饼等饲料。

②若以木薯作饲料时，应先水浸 4～6d，每天换水 1 次，然后不盖锅盖煮熟、放凉后方可饲用；以亚麻籽饼作饲料时，先经过浸泡，然后将其蒸或煮熟、放凉后才能饲喂。

③患病兔静脉注射 5％～10％硫代硫酸钠 3～5mL 和 1％美蓝注射液 3～5mL，每隔 4h 1 次。

④用亚硝酸钠 10～50mg 配成 5％的溶液，静脉注射，然后用 5％～10％硫代硫酸钠 5～10mL 静脉注射。

⑤维持治疗可用 10％葡萄糖注射液 3～5mL 静脉注射，以增强肝脏的解毒功能。

（二）营养代谢病

191. 兔维生素 A 缺乏症的病因和临床症状有哪些？如何防治？

（1）病因　维生素 A 缺乏症是由于饲料内维生素 A 不足或兔吸收

功能障碍引起。维生素 A 缺乏分为原发性维生素 A 缺乏和继发性维生素 A 缺乏。原发性维生素 A 缺乏多由饲养管理不当所引起。给兔长期饲喂缺乏维生素 A 原的饲料，饲喂储存过久、腐败变质的饲料，饲料中缺乏矿物质、微量元素，或兔舍光照不足、阴暗潮湿等，均可引发本病。继发性维生素 A 缺乏多由患慢性消化系统疾病，对维生素 A 吸收障碍所引起。

（2）临床症状　维生素 A 缺乏能导致兔体上皮组织功能紊乱，皮肤黏膜上皮发生角质化与变性。病兔典型症状是结膜炎，眼睑潮红、充血、肿胀，有白色脓性眼垢，严重的可导致失明，个别兔呈现典型的"牛眼"症状，若长期不愈易造成两颊绒毛脱落。公兔精子活力严重下降，生殖功能障碍；母兔繁殖率低，发生流产、死产，产出体弱、畸形的胎儿，并会发生胎盘滞留症。本病也能导致兔中枢神经的损害，共济失调；导致外周神经损害而发生骨骼肌麻痹，使兔不愿运动，有时转圈、摇头，严重者头转向一侧、后仰或头颈缩起，四肢麻痹，发生惊厥；导致兔生长缓慢，消瘦，体重不断减轻，严重者可衰竭而死。

（3）病理变化　泪腺上皮细胞萎缩，角膜上皮层增加，细胞排列紊乱，表层更扁平，翼状细胞形状变扁，基底层增生变厚，细胞核小而染色深。

（4）防治

①加强规模化养兔场的管理，合理配制全价颗粒饲料。

②在饲料中添加富含维生素 A 原的饲料。如玉米、胡萝卜、豆科植物等，或在饲料中添加维生素 A，按每千克饲料中添加 20 万～50 万单位。

③内服鱼肝油，每次 3～5mL，每天 2～3 次，连用 10～15d。

④严重病兔可肌肉注射维生素 AD_3 注射液，每次 0.3～0.5mL，每天 2 次。

⑤肌肉注射维生素 A 注射液，按每千克体重 200 单位，每天 1 次，连用 5～7d。

192. 兔维生素 E 缺乏症的病因和临床症状有哪些？如何防治？

维生素 E 是一种抗氧化剂，不仅对繁殖产生影响，而且参与新陈代谢的调节，影响腺体和肌肉的活动。维生素 E 缺乏，可导致营养性肌肉萎缩。

（1）病因　主要是由于饲料中维生素 E 含量不足、饲料中不饱和脂肪酸过多或脂肪酸酸败、肝脏疾病等均可导致维生素 E 缺乏。

（2）临床症状　病兔肌体发硬，进行性肌肉无力，多卧少动，步态不稳，平衡失调。食欲减退或废绝，体重减轻。有的病兔两前肢或四肢置于腹下。母兔受孕率降低，流产或死胎。最后因全身衰竭而死亡。

（3）病理变化　肌肉萎缩，外观苍白，呈透明样变性、坏死，肌纤维出现钙化。膈肌、咬肌和后躯肌肉出现出血条纹和黄色坏死斑。

（4）防治

①经常饲喂青绿饲料，如大麦芽、苜蓿等，或向饲料中添加植物油。

②及时治疗肝脏疾病，特别是肝球虫病。

③在饲料中补加硒和维生素 E。用量按每 1 000kg 饲料中加 0.22g 亚硒酸钠和 100～150mg 维生素 E。

④肌肉注射维生素 E 制剂 300～400mg，10～20d 注射 1 次，连用 2～4 次。

193. 兔维生素 K 缺乏症的病因和临床症状有哪些？如何防治？

维生素 K 缺乏症是由维生素 K 缺乏所造成的以凝血功能失调和怀孕母兔流产为特征的营养代谢病。

（1）病因　兔肠道能合成维生素 K，合成的数量一般能满足兔生长的需要。但种兔在繁殖时对维生素 K 的需求量较大，易造成维生素 K 的缺乏。饲料中添加抗生素磺胺药、含有拮抗物如双香豆素以及患肝球虫病时，也会引起维生素 K 缺乏。

（2）临床症状　当日粮中维生素 K 缺乏时，会引起妊娠母兔的胎盘出血流产等，新生仔兔因全身各系统大量出血死亡。维生素 K 缺乏症表现神经过敏，食欲不振，皮肤和黏膜出血，血液色淡呈水样，凝固不良，黏膜苍白，心跳加快。如有外伤则流血不止，有时还可见到皮下、肌肉和胃肠道出血。

（3）防治

①平时应多给兔饲喂青绿饲料，以满足对维生素 K 的需要。

②慎用抗生素，以减少对肠道菌群的破坏，避免影响维生素 K 的合成。

③肌肉注射维生素 K_1，每千克体重 5mg，或维生素 K_3，每千克体

重 20mg，每天 1～2 次，连用 3～5d。

194. 兔维生素 B_6 缺乏症的病因和临床症状有哪些？如何防治？

维生素 B_6 缺乏症是由于维生素 B_6 缺乏而导致的一种营养代谢性疾病。当维生素 B_6 缺乏时，许多氨基酸的代谢过程受阻。维生素 B_6 还参与体内糖和脂肪的代谢，当其缺乏时，呈现与某些代谢障碍相关的一系列症状和病理变化。

（1）病因　由于兔日粮中维生素 B_6 不足、饲料加工调制不当，使饲料中维生素 B_6 被破坏，或肠道疾病使肠道不能合成足量的维生素 B_6 等，均可导致本病的发生。另外，由于饲喂含高蛋白质的饲料导致维生素 B_6 的需要增多，也能引起维生素 B_6 缺乏。

（2）临床症状　轻微缺乏对兔的影响不大，严重缺乏时可引起兔皮肤的损害，兔耳周边出现皮肤增厚和鳞片，鼻端或爪出现疮痂，眼睛发生结膜炎，神经功能紊乱，骚动不安，生长发育受阻，瘫痪，最后死亡。轻度贫血，凝血时间延长，尿中黄尿酸量增多。母兔空怀率增高，死胎增加，妊娠后期出现尿石症。

（3）防治

①加强兔群饲养管理，合理使用全价配合饲料。在饲料中适当添加鱼粉、酵母、肉骨粉等。

②在日粮中添加维生素 B_6，按每千克日粮中添加 0.6～1mg，可预防本病的发生。

③使用维生素 B_6 制剂治疗，按每千克体重 0.6～1.2mg 添加。

195. 兔维生素 B_{12} 缺乏症的病因和临床症状有哪些？如何防治？

（1）病因　兔维生素 B_{12} 缺乏症是由于兔饲料中不含维生素 B_{12}，或添加量不够。饲料中缺乏微量元素钴、铁时，维生素 B_{12} 合成不足，肠道疾病可阻止微生物合成维生素 B_{12} 或使之吸收利用障碍等，也可诱发本病的发生。

（2）临床症状　病兔表现为厌食，营养不良，贫血，消瘦，黏膜苍白，幼兔、仔兔生长发育停滞，也会出现胃肠炎、腹泻、便秘等。

（3）病理变化　尸体剖检可见黏膜苍白、血液稀薄，颜色发淡，肝脏肿大呈黄色，质地脆弱易破裂，呈脂肪变性，全身贫血。

（4）防治

①饲料中添加含维生素 B_{12} 的添加剂、动物性饲料和酵母等，每千克饲料中添加 0.4mg。

②肌肉注射维生素 B_{12} 注射液，按说明书剂量使用，每天 1 次，连用 5d。

196. 兔镁缺乏症的病因和临床症状有哪些？如何防治？

镁缺乏症是兔低血镁所致的以感觉过敏、精神兴奋、肌肉强直或痉挛为特征的一种营养代谢病。

（1）病因　镁普遍存在于各种物质中，含叶绿素多的植物是镁的主要来源。饲喂一般饲料通常不会发生镁缺乏症，但每 100g 饲料中含镁低于 8mg，可发生兔镁缺乏症。采食来自低镁土壤的牧草（pH 太高或太低）、夏季降雨后生长的幼嫩多汁的青草和谷草易导致镁缺乏。兔采食减少、腹泻等导致对镁的吸收和利用率低。甲状旁腺素可以拮抗镁的吸收。此外，多种应激因素如兴奋、泌乳、不良气候及同时伴有低钙血症等也可诱发镁缺乏症。

（2）临床症状　急性镁缺乏兔发病前吃草正常，急性发作后盲目奔跑，倒地后四肢划动，惊厥，背、颈和四肢震颤，牙关紧闭，全身阵发性痉挛，如破伤风样，迅速死亡。慢性镁缺乏幼兔表现被毛粗乱、没有光泽，背部、四肢和尾巴脱毛，食欲降低，对触诊和声音过敏，尿频。青年兔表现急躁，心动过速，生长发育受阻，厌食和惊厥，最后心力衰竭而亡。母兔仍能配种妊娠，但易导致流产和死胎。

（3）诊断　根据临床症状可初步作出诊断。抽血化验病兔血清镁含量减少，血清钙含量正常可以确诊。100mL 正常兔血清中镁含量为 2.61～3.79mg。

（4）防治

①本病主要以预防为主，加强饲养管理，饲喂全价日粮。在饲料中补充硫酸镁 0.03%～0.04%，可以满足兔生长需要。

②病兔用 10% 硫酸镁每只 5～10mL，多处皮下注射，血镁浓度可很快升高。病情严重者，同时给予镇静剂对症治疗，如氯丙嗪、巴比妥等，可缓解抽搐、痉挛等症状。

197. 兔锌缺乏症的病因和临床症状有哪些？怎样诊断及防治？

锌缺乏症是指食物中锌含量绝对或相对不足引起的疾病，临床主要表现生长缓慢，皮肤皲裂，皮屑增多，蹄壳变形、开裂甚至磨穿，繁殖功能障碍及骨骼发育异常。

（1）病因　原发性缺乏主要因为锌的储存、摄入量减少。继发性缺乏主要是存在干扰锌吸收利用的因素。已发现钙、磷、铜、铁、铬、碘、镉及钼等元素过多，可干扰锌的吸收。饲料中植酸、维生素含量过高也会干扰锌的吸收。消化功能障碍、慢性拉稀，可影响由胰腺分泌的"锌结合因子"在肠腔内停留，而致锌摄入不足。

（2）临床症状　兔锌缺乏可出现食欲减少，生长发育缓慢，生产性能减退。生殖功能下降，骨骼发育障碍，骨短、粗，长骨弯曲，关节僵硬，皮肤角化不全，皮肤增厚、皮屑增多、掉毛、擦痒，免疫功能缺陷及胚胎畸形等。成年兔主要呈现繁殖功能障碍，公兔睾丸萎缩、精子生成障碍、性功能减退；母兔卵巢萎缩、受胎率降低，易发生早产、流产、死胎、畸形胎。

（3）诊断　根据临床症状，如皮屑增多、掉毛、皮肤开裂，经久不愈，进行初步诊断。补锌后经 1～3 周，临床异常症状迅速好转，进行治疗性诊断。对饲料中钙、磷、锌含量以及血清碱性磷酸酶和血清锌含量测定即可确诊。

（4）防治

①加强饲养管理，保证日粮中锌的含量，合理配合全价饲料可以有效地预防锌缺乏。

②对患病兔进行对症治疗，同时补充硫酸锌、碳酸锌、氯化锌、葡萄糖酸锌以及铁锌丸等。

198. 兔碘缺乏症的病因和临床症状有哪些？怎样诊断及防治？

碘缺乏症是兔体摄入碘不足引起的一种以甲状腺功能减退、甲状腺肿大、流产和死胎为特征的慢性疾病，又称甲状腺脓肿。兔碘缺乏症表现为机体代谢紊乱，发育缓慢或者停滞，公兔性欲减退，母兔不发情，不排卵，怀孕后易发生流产、死胎等。

（1）病因　碘是有很高生物活性的一种微量元素。缺乏将使机体内碘代谢平衡破坏，导致甲状腺功能及其形态结构发生改变，甲状腺素形成减少。甲状腺素是一种含碘氨基酸，具有调节机体代谢功能和全身氧化过程的作用。甲状腺分泌不正常，也易造成缺碘症。

（2）临床症状　碘缺乏时，甲状腺激素合成受阻，致甲状腺组织增生，腺体明显肿大，生长发育缓慢、脱毛、消瘦、贫血、繁殖力下降。新生仔兔虚弱，脱毛，不能吮乳，呼吸困难，甲状腺增大，皮下轻度水肿，四肢弯曲，站立困难。幼兔生长发育受阻，虚弱，消瘦，抗病力降低，还有的中枢神经系统功能紊乱。成年兔甲状腺肿大，流产，发情率与受胎率下降。

（3）诊断　根据流行病学、临床症状（甲状腺肿大、被毛生长不良等）即可诊断。通过检测饮水、饲料、乳汁、尿液、血清蛋白结合碘和血清 T3、血清 T4 及甲状腺的称重即可确诊。

（4）防治

①加强饲养管理，在平常饲喂过程中注意给兔补充碘，用含碘的盐砖让动物自由舔食；或者饲料中掺入海藻、海带之类物质；也可在牧草种植中施加含碘化肥。

②母兔产仔前，肌肉注射碘化罂粟籽油（含碘 40%）；或在母兔怀孕后期，饮水中加入 1~2 滴碘酊；或产仔后用 3% 的碘酊涂擦乳头，让仔兔吮乳时吃进微量碘。

③口服碘化钾或者碘化钠；或采用在四肢内侧每周涂擦一次碘酊。

199. 兔佝偻病的病因和临床症状有哪些？如何防治？

佝偻病是幼兔在生长期由于维生素 D 不足、钙磷缺乏或饲料中钙磷比例失调所致的一种骨营养不良性代谢病，特征是生长骨的钙化作用不足，并伴有持久性软骨肥大、骨骺增大。临床上以消化紊乱、异嗜癖、跛行及骨骼变形为特征。主要发生于幼兔。

（1）病因　本病多是由于饲料配合不当，兔舍潮湿，缺乏阳光，使幼兔、仔兔逐渐缺乏钙、磷和维生素 D 而发病。此外，肝、肾功能不全及胃肠病、寄生虫病也能诱发本病。先天性的佝偻病，主要是由于母兔孕期日光照射较少或日粮中缺乏维生素 D。

（2）临床症状　先天性佝偻病，仔兔表现体质衰弱，肢体异常、变形，四肢向外倾斜，走路不稳，发育迟缓；后天性佝偻病，早期出现食欲减退，消化不良，精神沉郁，然后出现异嗜癖，舔啃墙壁、石块泥沙或其他异物。病兔经常卧地，不愿起立和运动。逐渐消瘦，生长发育缓慢。随着病情的发展，下颌骨增厚和变软，出牙期延长，齿形不规则，齿质钙化不足（坑洼不平、有沟、有色素），常排列不整齐，齿面易磨损、不平整。骨骼发育异常，表现弓腰凹背、四肢关节疼痛、跛行。继续发展为肋骨和肋软骨结合处膨大呈串珠状，长管骨干骺端膨大。在体重的负荷之下，四肢骨骼逐渐弯曲，脊柱变形。由于肋骨内陷、胸骨凸出，形成"鸡胸"。骨质疏松，易发生骨折。最终使面骨、下颌骨以及躯干、四肢骨骼触碰变形，偶尔伴有咳嗽、腹泻、呼吸困难和贫血。严重的病例，由于血钙降低而出现抽搐，随后死亡。

（3）防治

①加强饲养管理，多接触阳光，饲喂经阳光晒制的青草，以补充维生素 D。

②肌肉注射维生素 AD 或维丁胶性钙注射液，每只兔 0.5～1mL，每天 1 次，连用 3～5d。

③口服鱼肝油，每只兔 1～2mL，每天 1 次，连用 5～7d，同时配合口服乳酸钙 0.5～2g。

200. 兔异嗜癖的病因和临床症状有哪些？如何防治？

在某些营养代谢障碍的情况下，兔除了正常的采食以外，还出现咬食其他物体，如食仔、食毛、食土等。这些现象多为营养代谢病，称之为异嗜癖。

（1）病因

①食仔癖。

缺乏营养：尤其是蛋白质和矿物质不足，产后容易出现食仔。

产后缺水：母兔在产前和产后没有得到足够的饮水，舔食胎衣和胎盘，口渴而黏腻容易引起食仔。

受到惊吓：产仔期间和产后，母兔受到惊吓，精神高度紧张，造成神精紊乱，常出现吃仔、咬仔、踏仔或弃仔等现象。

存在异味：产仔期间周围环境或垫草有不良气味（如兔笼散发垫草霉味、老鼠尿味、香水味等），造成母兔的疑惑，从而将仔兔吃掉。

习惯性食仔：母兔一旦发生吃仔，尝到了吃仔的味道，可能在以后产仔时旧病复发，形成食仔癖。

②食毛症。吃毛的主要原因是饲料中含硫氨基酸（蛋氨酸和胱氨

酸）不足，忽冷忽热的气候是诱发因素。多发生于早春和深秋气候多变季节，以1～3月龄的幼兔最易发病。

③食足癖。兔患有腿脚部骨折、脚皮炎或脚癣时，由于腿部或脚部肌肉、血管、皮肤和神经受到一定损伤，造成代谢紊乱，使血液循环障碍，代谢产物不能及时排出，脚部末端炎性水肿，刺激兔痛痒难忍而发生食足现象。

④食土癖。因日粮中矿物质含量不足或比例失调所致。如饲料中缺乏食盐、钙、磷及微量元素，容易引起食土现象。

⑤食木癖。饲料中的粗纤维含量不足、饲料的硬度不够，使兔不断生长的门齿得不到应有的磨损，则容易形成食木现象。

（2）临床症状

①食仔癖。母兔产仔后，将其仔兔部分或全部吃掉。以初产母兔最多，多发生在产后3d以内。

②食毛症。多数情况下病兔没有其他异常现象，开始仅见到个别兔被毛不完整，后来缺毛面积越来越大，有的整个被毛被吃掉。吃毛分自吃和他吃，以他吃为主。在规模化养兔场，一只兔吃毛时可诱发其他兔都来效仿，而往往是集中先吃同一只兔。有的将兔毛吃光后，连皮肤也撕破吃掉。

③食足癖。即兔将自己的脚部皮肉吃掉，有时吃到跗关节或腕关节。

④食土癖。散养或规模化养殖时，发现兔舔食地上土或啃食兔笼，特别是喜食墙根和墙上的碱屑土以及兔笼上的水泥。

⑤食木癖。兔啃食笼舍内的木制或竹制的笼底板、笼门、草架和食槽等。

（3）防治

①加强兔群的饲养管理，保证兔充足的营养、充足的饮水、保持环境安静和兔舍的清洁卫生。

②保持笼底板平整、光滑，间隙适中，防止脚皮炎、足癣的发生。

③对于有食毛症的兔，在饲料中添加0.1%～0.2%含硫氨基酸、1.5%硫黄以及适量的微量元素等。

④对于有食木癖的兔，平时在兔笼的草架里放上嫩树枝或果树枝，让其啃咬，同时在全价颗粒饲料中添加足够的粗纤维。

⑤对于食土的兔，在饲料中补充添加0.5%食盐，很快即可停止。

主 要 参 考 文 献

白林，岳铁军，文斌，等，2010. 兔粪高温堆肥的控制参数及发酵机制研究 [J]. 安徽农业科学 (7).

白跃宇，2002. 新编科学养兔手册 [M]. 郑州：中原农民出版社.

柴家前，2001. 兔病快速诊断防治彩色图册 [M]. 济南：山东科学技术出版社.

程济栋，1989. 养兔全书 [M]. 成都：四川科学技术出版社.

丁轲，2013. 兔场卫生防疫 [M]. 郑州：河南科学技术出版社.

范成强，文斌，范康，等，2008. 獭兔高效养殖与初加工 [M]. 成都：天地出版社.

范伟兴，肖传发，1997. 兔病防治技巧 [M]. 济南：山东科学技术出版社.

谷子林，薛家宾，2007. 现代养兔实用百科全书 [M]. 北京：中国农业出版社.

何贵明，2009. 饲料霉菌毒素对獭兔生产的危害及其防治 [J]. 中国养兔 (7)：32-33.

洪延范，1992. 兽医实验诊断技术 [M]. 郑州：河南科学技术出版社.

侯明海，2001. 精细养兔 [M]. 济南：山东科学技术出版社.

胡慧，张君涛，2013. 兔场兽医师 [M]. 郑州：河南科学技术出版社.

黄邓萍，2006. 规模化养兔新技术 [M]. 成都：四川科学技术出版社.

蒋金书，1991. 兔病学 [M]. 北京：北京农业大学出版社.

景发，王文智，武拉平，2011. 兔球虫病对我国养兔业影响的经济分析 [J]. 中国养兔 (1)：42-47.

李东红，2004. 兔病诊治关键技术一点通 [M]. 石家庄：河北科学技术出版社.

李福昌，2009. 兔生产学 [M]. 北京：中国农业出版社.

李季，彭生平，2005. 堆肥工程实用手册 [M]. 北京：化学工业出版社.

刘汉中，2011. 獭兔日程管理及应急技巧 [M]. 北京：中国农业出版社.

刘辉，周迪，刘文波，等，2003. 幼兔腹泻病及其防治 [J]. 中国养兔 (3).

彭嘉瑜，1959. 兔病诊断及其防治 [M]. 北京：农业出版社.

任克良，2008. 家兔防疫员培训教材 [M]. 北京：金盾出版社.

任克良，黄淑芳，曹亮，等，2009. 我国群发性兔病发生特点及诊断防制技术 [J]. 中国养兔 (4)：26-29.

任永军，邝良德，郭志强，等，2014. 豆状囊尾蚴病对兔生产性能与养殖经济效益的影响观察 [J]. 中国养兔 (6)：4-6、21.

沈幼章，王启明，1999. 现代养兔实用新技术 [M]. 北京：中国农业出版社.

王庆镐，1994. 家畜环境卫生学 [M]. 北京：农业出版社.

王文智，武拉平，2011. 兔场疾病防治与安全生产——基于全国 9 省市 317 个兔场的调查分析［C］//全国家兔饲料营养与安全生产学术研讨会论文集.

王孝友，杨睿，2017. 兔病防控关键技术有问必答［M］. 北京：中国农业出版社.

王修川，王腾，袁新国，等，2008. 运用循环经济理论治理畜禽废弃物污染［C］//中国环境科学学会学术年会优秀论文集.

王云峰，王翠兰，崔尚金，2007. 家兔常见病诊断图谱［M］. 北京：中国农业出版社.

文斌，2014. 轻松学养獭兔［M］. 北京：中国农业科学技术出版社.

文斌，傅祥超，范康，等，2010. 兔粪、菌渣堆肥试验研究［J］. 四川畜牧与兽医（11）：22-25.

吴建忠，左建军，冯定远，等，2008. 喹赛多和喹乙醇对肉兔生长性能、肉品质及内分泌的影响［J］. 西北农林科技大学学报，8（36）：51-55.

谢三星，2000. 药到兔病除［M］. 济南：山东科学技术出版社.

徐汉涛，杭榴玉，2000. 高效益养兔法［M］. 北京：中国农业出版社.

许俊香，王方浩，张福锁，等，2005. 中国畜禽粪尿磷素养分资源分布以及利用状况［J］. 河北农业大学学报（28）.

薛帮群，孟昭君，2008. 仔幼兔饲养管理规范和防病技术［J］. 中国养兔（8）.

杨正，1999. 现代养兔［M］. 北京：中国农业出版社.

宸锁成，任克良，曹亮，等，2011. 我国规模兔场兔病发生特点及综合防控措施［J］. 中国草食动物（3）：48-51.

张淑洁，1989. 家兔饲养与兔病防治［M］. 沈阳：辽宁科学技术出版社.

张树清，张夫道，刘秀梅，等，2005. 规模化养殖畜禽粪主要有害成分测定分析研究［J］. 植物营养与肥料学报（11）.

张秀美，2006. 新编兽医实用手册［M］. 济南：山东科学技术出版社.

张玉，2010. 獭兔养殖大全［M］. 第二版. 北京：中国农业出版社.

张自强，薛帮群，刘玉梅，等，2004. 家兔头骨的解剖［J］. 中国养兔（2）：21-23、18.

周元军，2001. 獭兔饲养简明图说［M］. 北京：中国农业出版社.

朱树田，2003. 兔高效饲养与疫病监控［M］. 北京：中国农业大学出版社.

Anon，1998. Fertilizer values of some manures［J］. Countryside & Small Stock Journal，9（10）.

图书在版编目（CIP）数据

规模化养兔疫病防控 200 问 / 刘宁，余志菊主编 . —
北京：中国农业出版社，2020.6
　ISBN 978-7-109-26783-1

　Ⅰ.①规… 　Ⅱ.①刘… ②余… 　Ⅲ.①兔病－防治－
问题解答 　Ⅳ.①S858.291-44

　中国版本图书馆 CIP 数据核字（2020）第 061779 号

中国农业出版社出版
地址：北京市朝阳区麦子店街 18 号楼
邮编：100125
责任编辑：刘　伟　冀　刚
版式设计：史鑫宇 　责任校对：刘丽香
印刷：北京万友印刷有限公司
版次：2020 年 6 月第 1 版
印次：2020 年 6 月北京第 1 次印刷
发行：新华书店北京发行所
开本：700mm×1000mm　1/16
印张：14
字数：240 千字
定价：75.00 元